俯 瞰 地 球
OVERVIEW

[美]本杰明·格兰特（Benjamin Grant）———著　李蕊　巨澜 ———译

江苏凤凰科学技术出版社·南京

图书在版编目（CIP）数据

俯瞰地球 /（美）本杰明·格兰特著；李蕊，巨澜译. —— 南京：江苏凤凰科学技术出版社，2018.6（2023.1 重印）
ISBN 978-7-5537-8767-1

Ⅰ. ①俯… Ⅱ. ①本… ②李… ③巨… Ⅲ. ①地球科学－普及读物 Ⅳ. ① P-49

中国版本图书馆 CIP 数据核字 (2017) 第 290364 号

Text © Benjamin Grant 2016
Images © Digital Globe, In.c 2016
First published as Overview by Preface Publishing. Preface is part of the Penguin Random House group of companies.

江苏省版权局著作权合同登记　图字：10-2017-325

俯瞰地球

著　　者	[美] 本杰明·格兰特（Benjamin Grant）
译　　者	李　蕊　巨　澜
责 任 编 辑	沙玲玲　杨嘉庚
责 任 校 对	仲　敏
责 任 监 制	刘文洋
出 版 发 行	江苏凤凰科学技术出版社
出版社地址	南京市湖南路 1 号 A 楼，邮编：210009
出版社网址	http://www.pspress.cn
印　　刷	合肥精艺印刷有限公司
开　　本	889 mm×1 194 mm　1/12
印　　张	21
插　　页	4
字　　数	300 000
版　　次	2018 年 6 月第 1 版
印　　次	2023 年 1 月第 4 次印刷
标 准 书 号	ISBN 978-7-5537-8767-1
定　　价	198.00 元（精）

图书如有印装质量问题，可随时向我社印务部调换。

新视角，看地球

上图

地出
摄影：比尔·安德斯
1968 年 12 月 24 日
美国国家航空航天局

1968 年，平安夜，阿波罗 8 号正沿着月球背面缓缓盘旋，准备踏上归途。当地球爬升到月球地平线上的时候，宇航员比尔·安德斯将他的定制款哈苏 500 EL 型相机对准了舷窗之外，拍下了一张人类历史上最重要的照片之一——地出（从月球上看地球，地球从月球的地平线上升起）。

"说起来有点讽刺，"安德斯事后评论，"我们原本是来探索月球的，最后发现的却是地球。"

到现在，已经有超过 550 人进行过太空之旅，他们漂浮于浩瀚宇宙，俯瞰蔚蓝色的小小地球，这趟旅程给他们开辟了一个崭新的视角，他们发现地球上的万事万物竟然是那么真实地相互依存着。

宇航员们的这种见闻经历给他们心理上带来了深刻转变，科普作家弗兰克·怀特创造了一个术语来描述这种现象，他称之为"总观效应"。

无论是宇航员手中的相机，还是架设在悬浮于轨道之上的卫星上的相机，都给我们呈现了我们无法从地球上看到的景象。最新的技术已经可以获取到整个地球非常详尽的图像，而本书中的图片就是从这些图像中精心选取出来的。透过这些遥远的全景视角，我们不仅可以分享到像比尔·安德斯这样的宇航员的体验，也能够以一种全新的方式来重新审视、欣赏我们的地球。

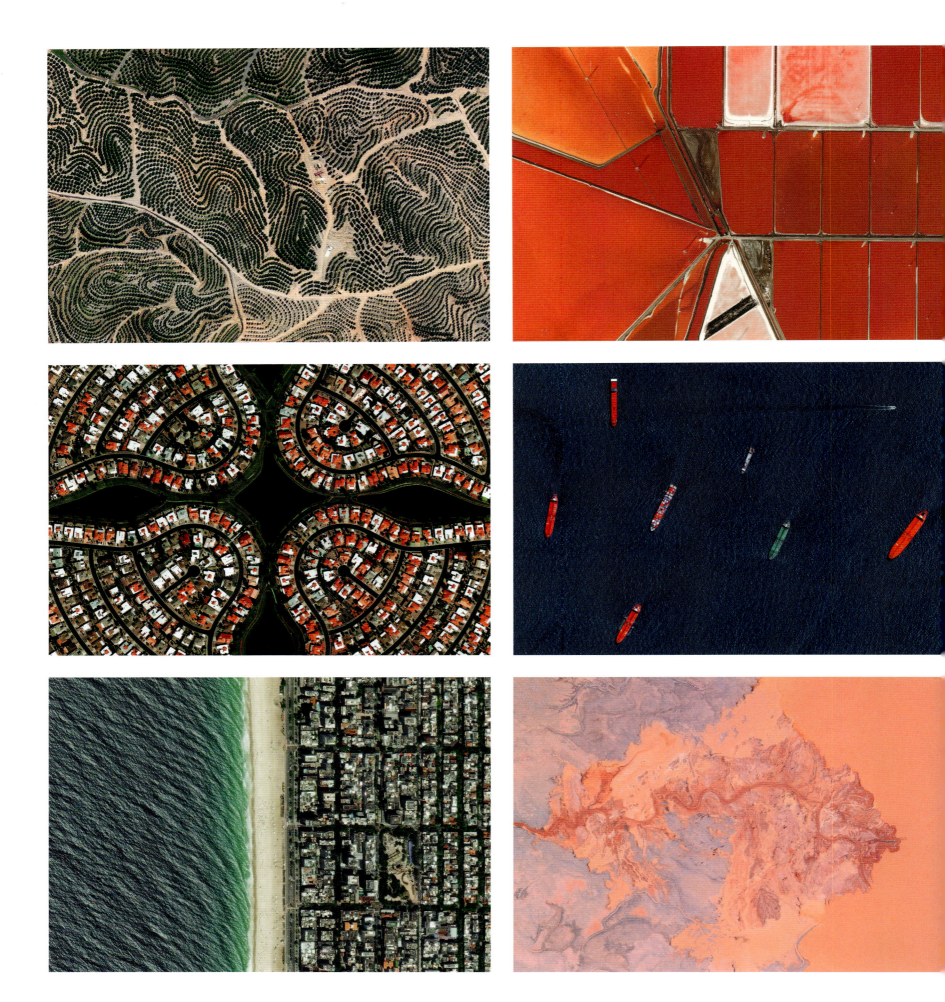

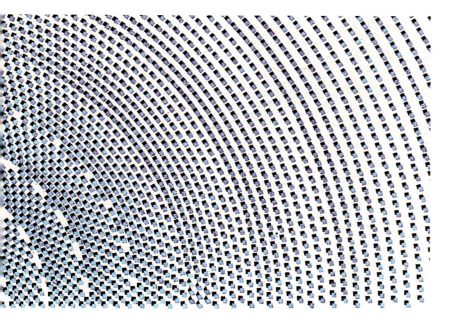

内容介绍

引 言
1

种植之地　　开采之地　　能源之地
13　　　　　41　　　　　65

居住之地　　交通之地　　规划之地
91　　　　　117　　　　149

嬉戏之地　　废弃之地　　自然之地
179　　　　201　　　　225

引 言

左图

第一张总观图片
34.236687°，-102.419596°
（注：经度，纬度。"-"代表西经、南纬）

地球，得克萨斯州，美国，
2013 年 12 月 14 日

　　一切都开始于一次意外事件。我创办了一个太空俱乐部，当时为了给这个俱乐部的一次讨论会做准备，讨论卫星以及它们对我们日常生活的影响，我潜心研究起了地图测绘的事情。我在搜索栏中输入"地球"两个字，想看看是否能缩小以查看到整个地球的全貌，可当我按下确认键时，令人惊奇的事情发生了，呈现在我眼前的景象，和我期待的完全相反，它放大了。

　　地图上位置的的确确是地球——地球，得克萨斯，但我却被眼前的画面惊呆了，一个个绿色和褐色的圆圈不可思议地拼凑在一起，占据了整个屏幕。我连忙把图片保存下来（左图），发给朋友们，他们也感到万分震惊。原来，屏幕上的这些图像竟然是在使用枢轴灌溉系统的农田中洒水器灌溉作物时，喷出的水所形成的一个个的圆形图案。

就在我发现这张图片的几个月之前,一个朋友曾经给我分享过一个叫作"总观"的短片,片中介绍的就是"总观效应"这个概念,我对地球以及它在宇宙中所处位置的看法也由此改变。弗兰克·怀特在1987创立的"总观效应"概念,是指当宇航员有机会从太空俯瞰地球时所感受到的深刻的、遥远的情感冲击——从遥远的角度俯视下来,把我们的家园当成一个整体来欣赏,体会它美丽而又脆弱的一面。

受片中宇航员的见闻启发,几个月后,我在地图上搜索了"地球",却因此阴错阳差地误入了"歧途",我也因此认识到,要想真正理解我们人类给地球带来的影响到底有多大,必须彻底转变审视这个星球的角度。除此之外,我不知道其他任何人包括我自己可以给我带来这种转变。对我而言,当我看到这张麦田怪圈的照片时,一切都变了。

右图

内萨瓦尔科约特尔城
19.403572°,−99.013351°

内萨瓦尔科约特尔城,是墨西哥州的一个城市,其特点是笔直的、呈网格化的长街,人口超过 100 万,其中很多人都是从全国各地迁徙来此定居的。

几天后，2013年12月，我推出了"每日总览"专题，开始每天在网站和社交媒体上发布一张航拍图片，没想到反响热烈，我有些受宠若惊。到目前为止，"每日总览"已经传播到230个国家，成千上万的读者和网友聚集在一起浏览、讨论、思考这些图像。对我而言，这些在杂志、博物馆以及本书中展示的航拍图片，不仅传达出一种令人敬畏的、鼓舞人心的感觉，而且具有令人感同身受的"总观效应"的力量。

在本书中我制作了200多幅总览图片，所有这些总览图片都来自DigitalGlobe公司的延时摄影图像库，这个图像库已经有15年的历史，收录了世界上最高质量的卫星图像。在我着手编撰本书的时候，就决定了我所要选择的都应该是有人类影响体现的图片。因此，本书的内容也都是根据人类影响所呈现出的主题来安排的，是以宇宙视角看过去，人类活动体现得最明显的部分。在一些章节中，我会把在不同时间拍摄的同一位置的两张图片放在一起，以呈现时间带来的变化。最后，每张图片我都会补充一段简要的说明。这个星球曾点燃了我之前在连载专栏中的无限好奇心，希望也能带给各位相同的启发。

P4—5
罗布泊的钾盐蒸发池
40.445902°，90.833588°

罗布泊钾盐池位于中国塔克拉玛干沙漠。尽管这个地区农业活动稀少，沙地景观却因为钾盐的存在而显得丰富多彩——钾盐是促进植物生长的一种关键营养成分。巨大的蒸发池延绵超过21千米，卤水从地下被泵到这些池子里面晾晒。图中那些明亮的颜色是由于水被染成了蓝色，因为深色的水可以吸收更多的阳光和热量，从而缩短水分蒸发和钾盐结晶的时间。

左图
戴维斯–蒙森空军基地
飞机墓地
32.151087°，-110.826079°

美国亚利桑那州，图森市，戴维斯–蒙森空军基地。这里拥有世界上最大的飞机储备量和数量最多的维护设施，其中包括4 400多架退役的美国军用和政府飞机，309号航空维护和保养团承担着这些飞机的维保工作。

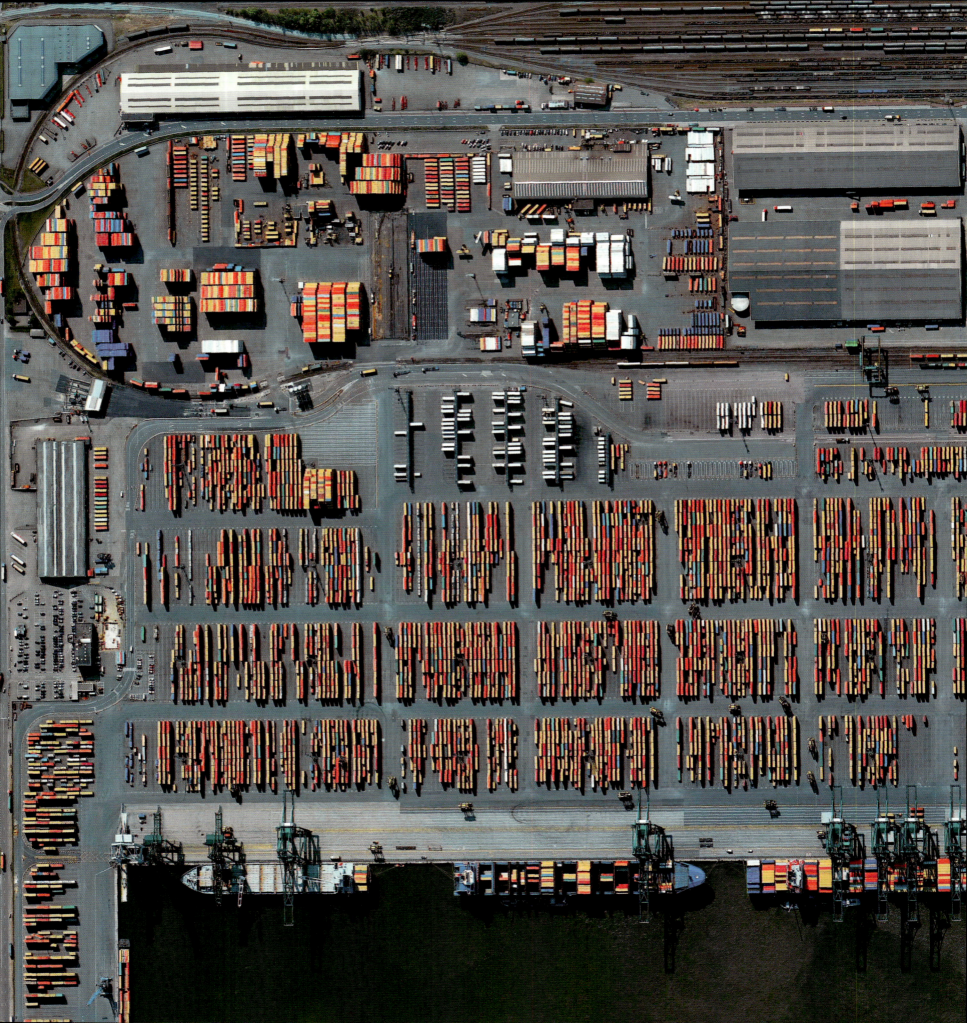

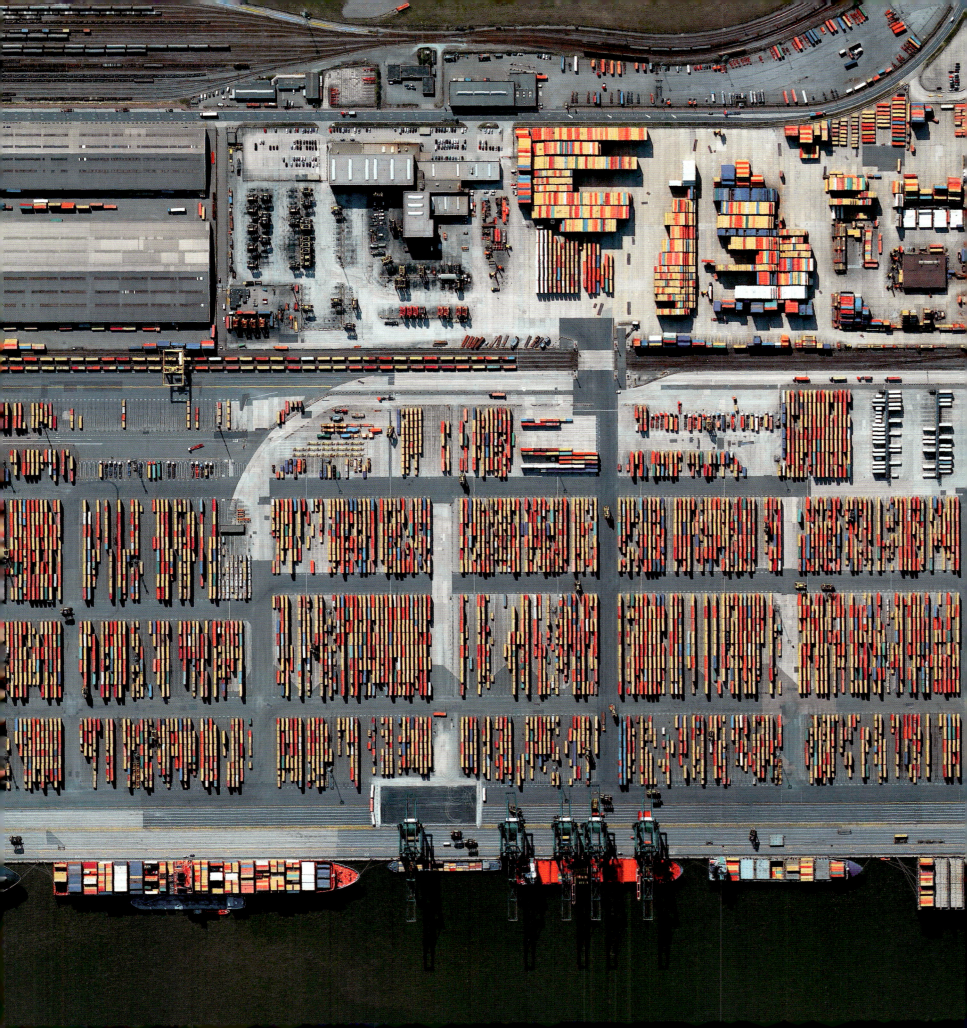

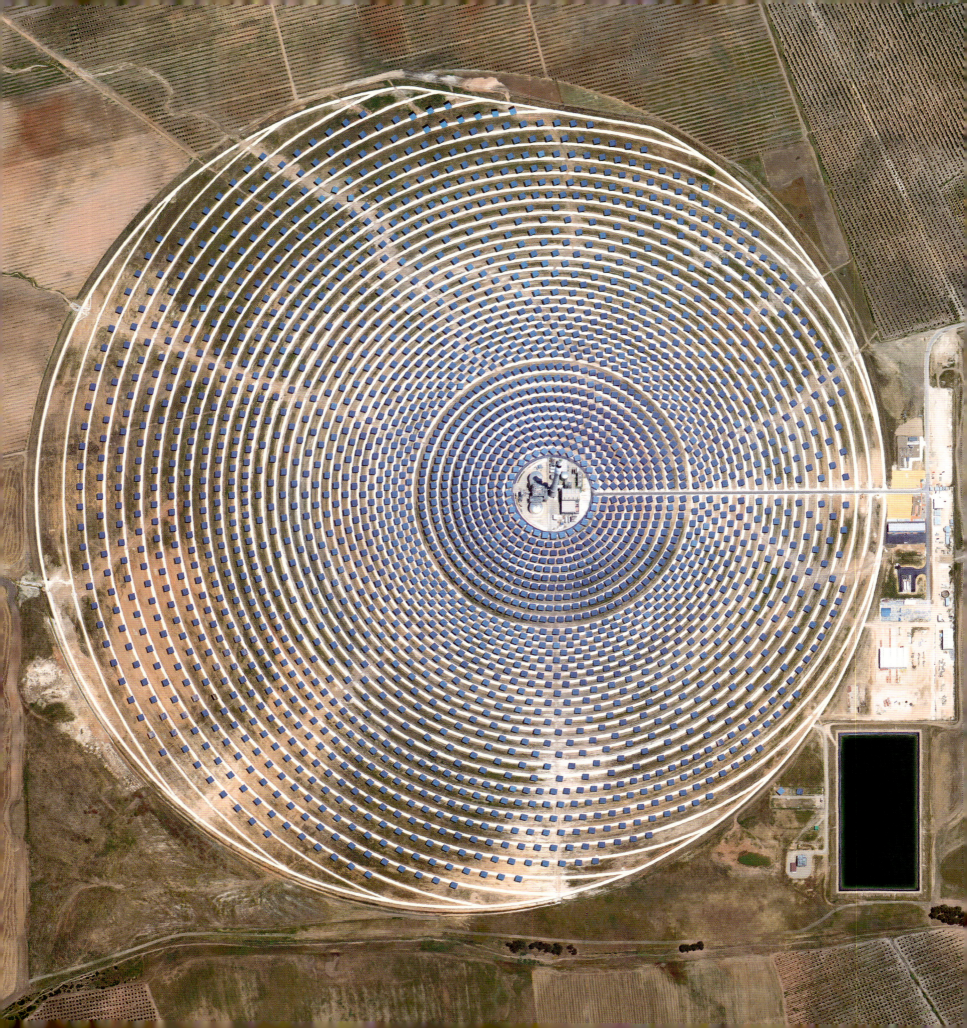

对我来说，总观照片的迷人之处就在于，当我把它拿给别人看时，他们都会兴奋地问道："这是什么？"这种照片让我们可以超越美学，从更高的层面上去欣赏它的美，而不仅仅把它当作一张漂亮的图片。当人们俯身去观看它们时，我能从他们的眼神中看到对这个辽阔星球一探究竟的热情。

当我们跳出常规的角度去观察地球表面时，可以看到大不相同的景象，会让我们对事物和系统的复杂性、我们对这个星球的影响程度，有更深刻的理解。如果我们都乐于接受这个新的视角并且从中学习，我们将会为我们人类这个唯一的家园创造出更精彩、更安全的未来。

——本杰明·格兰特

P8—9
安特卫普港
51.320417°，4.327546°

比利时的安特卫普港，是欧洲的第二大港口，仅次于鹿特丹港（130—131 页）。每年，安特卫普港能够装卸超过 71 000 艘船只，货物总吨数达到 3.14 亿吨，这个重量大约相当于地球上所有活着的人类总重量的 68%。

左图
Gemasolar太阳能发电站
37.560755°，-5.331908°

西班牙，塞维利亚市，Gemasolar 太阳能发电厂。太阳能聚光器中安装着 2 650 个日光反射镜，这些反射镜聚集太阳热能，用来加热盛放在 140 米高的中心塔中的熔盐，熔盐从塔顶循环流到储存罐中，产生蒸汽并发电。每年，这个工厂减少的二氧化碳排放总量在 3 万吨左右。

"一个人，只有当他在升到地球上空，到达大气层的顶端或者向更远处俯瞰之时，才可以彻底了解那个他生活的世界。"

——柏拉图《斐多》

"花园教给我的最重要的一课，是我们与地球之间不一定是零和的关系，只要太阳依旧照耀，只要我们仍然可以去规划、种植、行动和思考，只要我们愿意去用心尝试，就会找到既不消耗地球资源同时也能实现自给自足的方法。"

——迈克尔·波伦《杂食者的困境》

种植之地

P12—13
大米
23.126262°，102.751508°

中国，元阳县，被水稻梯田覆盖的山坡。在过去的 1 300 年中，哈尼人一直耕种着这片土地。梯田的坡度从 15°~75° 不等，有的甚至多达 3 000 多级台阶。图中看到的梯田被一个叫作土锅寨的小村寨环绕着，面积大约有 4 平方千米。

左图
郁金香
52.276355°，4.557080°

荷兰，利瑟，每年三月，郁金香开始绽放，四月下旬进入盛花期。荷兰每年生产 43 亿株郁金香球茎，其中 53%（23 亿株）是鲜切花，这些鲜切花，有 13 亿在荷兰本国销售，其余的出口：6.3 亿株球茎出口到欧洲，其余的 3.7 亿株出口到欧洲以外的其他国家。

人类文明的产生离不开农业的发展，正因为有了可靠的食物供应，人类才能在一个地方定居下去，才能有时间去追求食物之外的东西。各位在本章中将要读到的就是农业——这种古老的工作方式最新的表现形态；以下这一系列图像，展示了人类因地制宜培育植物、饲养动物方面的惊人事例。

从高处俯瞰，农田通常都呈现出如同纺织品一般经纬交错的图案。图形的重复显示我们已经能够根据需要，将大片土地进行精确规划。这些图形，很大程度上是种植的作物和农业技术的产物。人类有获取食物来养活自己的需求，这个需求对地球表面——无论是陆地还是海洋，都带来了深远影响，而这些棋盘一样的小方格就是最好的证明。

据估计，农业用地大概占地表总面积的 40%。随着人口数量的急剧增加，我们收割的方式也不得不随之转变。技术的进步，比如先进的农业设备和强效化学品的广泛使用，极大提高了农作物的产量和增加了牲畜的数量。与此同时，诸如水资源枯竭或对水产的过度捕捞这种灾难性的问题，也让我们不得不去思考我们未来的食物将从何处而来。我们在重重危机中努力养活自己的同时，也必须谨慎而行，千万不要先把我们的星球饿死了。

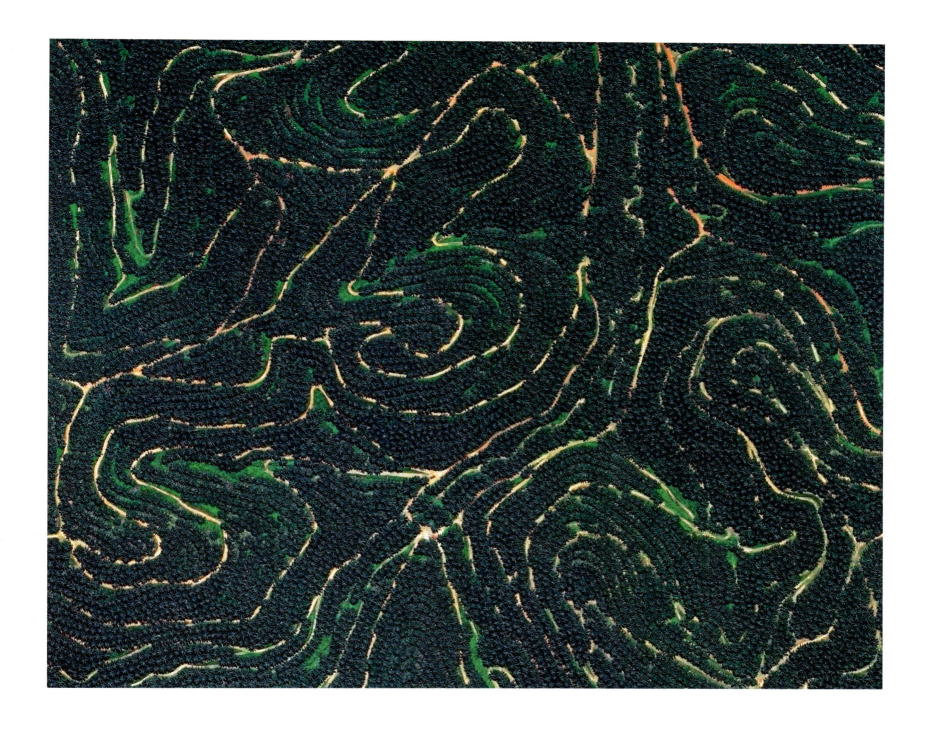

左图
橄榄树
37.263212°，-4.552271°

　　西班牙，科尔多瓦，被橄榄树林覆盖的群山。
　　橄榄收获之后，其中大约 90% 会被制成橄榄油，剩下的 10% 被加工成餐用油橄榄。随着气温升高和生长地区的气候变化，海拔高的山顶或者斜坡更适合橄榄树的生长，而那些生长在低海拔或者平原地区的橄榄树则会完全绝收。

上图
棕榈树
3.189536°，101.497815°

　　马来西亚，被棕榈树种植园环绕的吉隆坡市。这些棕榈树被种植在切割成山脉轮廓的平台上，以避免流水带来的侵蚀。
　　棕榈油主要被用作烹饪原料，而马来西亚是全世界最大的棕榈油出口国之一，每年出口量接近 1 800 万吨。世界上热带地区棕榈树种植园正在迅速扩张，原生树木不断被砍掉，为棕榈树腾出空间，而此举正日益成为碳排放重要的来源之一。到 2020 年，预计将增加 5.58 亿吨的二氧化碳排放量，这比目前加拿大全国所有矿物燃料的总排放量还高。

P18—19

弗莱福兰

52.724169°，5.641978°

荷兰，弗莱福兰省的农场，专门种植花卉种球。弗莱福兰省是由须德海工程建造出来的，须德海工程是一个包括修建堤坝、土地复垦、排水系统的协调重建工程。其中复垦的土地面积有970平方千米，因而弗莱福兰省成为世界上最大的人工岛。

上图

亚的斯亚贝巴

8.904953°，38.869170°

埃塞俄比亚，亚的斯亚贝巴市郊区的农业发展情况。亚的斯亚贝巴，作为埃塞俄比亚的首都和最大城市，拥有3 400万人口。虽然城市农业在这个城市发展史中扮演着重要角色，但由于城市化的飞速发展以及随之而来的对土地的竞争性需求，城市农业活动正遭遇着重大挑战。

右图

阿尔梅里亚

36.715441°，-2.721485°

西班牙，阿尔梅里亚市的温室——也被称为地膜，覆盖了这个城市约200平方千米的土地。使用地膜覆盖层，是为了提高作物的产量和规模，缩短生长时间。从图中的规模看，这片土地的面积大概是9平方千米。

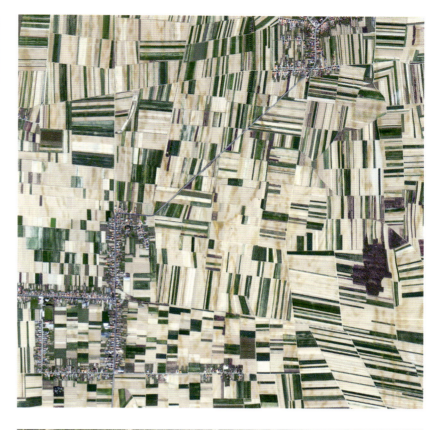
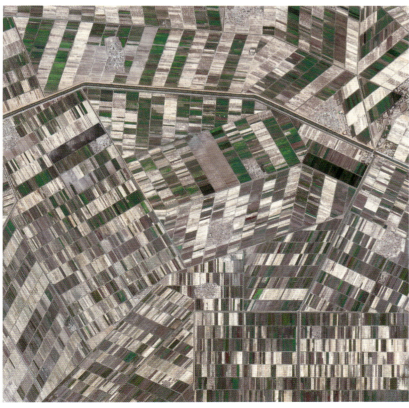

P22

柑橘类水果 37.714546°，-6.532834°

西班牙，伊斯拉克里斯蒂娜，被柑橘树覆盖的景象。这里平均温度18℃，相对湿度在60%到80%之间，十分适宜柑橘树的生长。

P23 左上图

山核桃 31.972467°，-110.948875°

美国，亚利桑那州，萨瓦里塔，巨大的山核桃树林。自古以来，美国西南部地区就十分适宜种植核桃。然而，近些年来，由于长期干旱、野兽侵扰，以及来自中国中产阶级不断增加的需求，美国国内山核桃的供应量已经大幅下降，价格暴涨。

P23 右上图

玉米 46°422810°，16.467788°

克罗地亚，梅吉穆列县，玉米是当地的主要农作物。全县总面积730平方千米，其中约260平方千米都被用于农业种植。

P23 右下图

葡萄 49°982265°，7.035582°

德国，乌尔齐希，循山蜿蜒而上的葡萄园。两个多世纪前，凯尔特人和罗马人就开始在这个地区酿造葡萄酒；今天，这里的酿酒师们将种植的葡萄用来生产赫赫有名的"雷司令"葡萄酒。

P23 左下图

棉花 14.500005°，33.164478°

苏丹，杰济拉项目是世界上最大的灌溉项目之一，位于青白尼罗河的交汇处，靠近首都喀土穆。河流边没有任何土坡，由于重力作用，水自然流过4 350千米的灌溉渠。棉花是这个地区最主要的农作物。

右图

枢轴灌溉的农田
30.089890°，38.271806°

沙特阿拉伯，阿斯干河－索罕盆地，采用中心枢轴灌溉的农业区。人们从深达1千米的地方开采抽取地下水，通过可360°旋转的喷头均匀喷洒到四周。在当地政府对农业发展的大力推动下，沙特阿拉伯耕地面积从1976年的1 620平方千米增加到1993年的32 000平方千米。这张图片中所显示的，大概有130平方千米的面积。

右图

甜菜糖

32.905407°，−115.565693°

美国，加利福尼亚州，布劳利，斯普雷科尔斯制糖公司。机器从甜菜根中将糖分榨取出来，剩下颜色鲜艳的甜菜渣，铺在工厂边的一大片土地上晒干，之后这些菜渣会被用于生产乳牛饲料。

左图

藻类

−28.172005°，114.261002°

赫特潟湖，西澳洲的大湖之一，之所以会呈现出粉红色，是因为它里面生长着一种特殊的藻类——盐生杜氏藻。湖中有一个世界上最大的微藻生产厂，藻类含有丰富的 β−胡萝卜素（主要用作食品着色剂和维生素 A）。

右图
海藻
−8.668518°, 115.441209°

伦邦岸岛上的海藻农场。伦邦岸岛是位于印度尼西亚巴厘岛东南部的一个小岛，这个农场每月平均海藻产量2.3万千克。人们将海藻从水中捞出，放在阳光下晾晒，晾晒时间的长短随季节变化而定，3～7天不等。

P28—29
油菜花
24.857405°, 104.353534°

中国，罗平县，油菜花田覆盖下的山地景观。种植油菜的主要目的是榨油，将花籽稍微加热，碾碎即可。而菜籽油是生物柴油的主要来源之一。

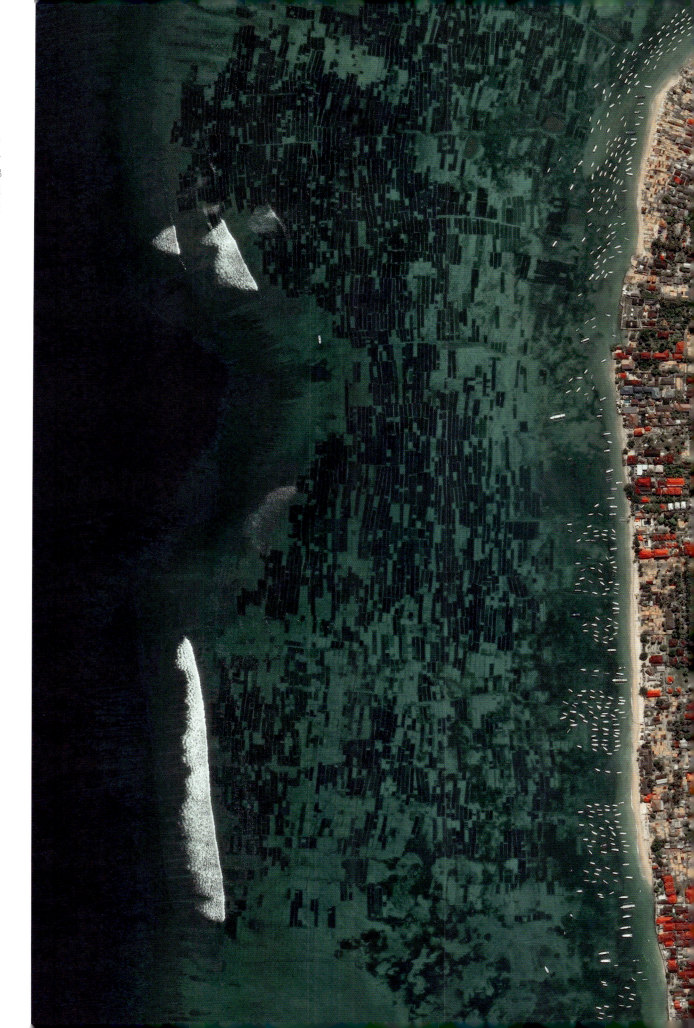

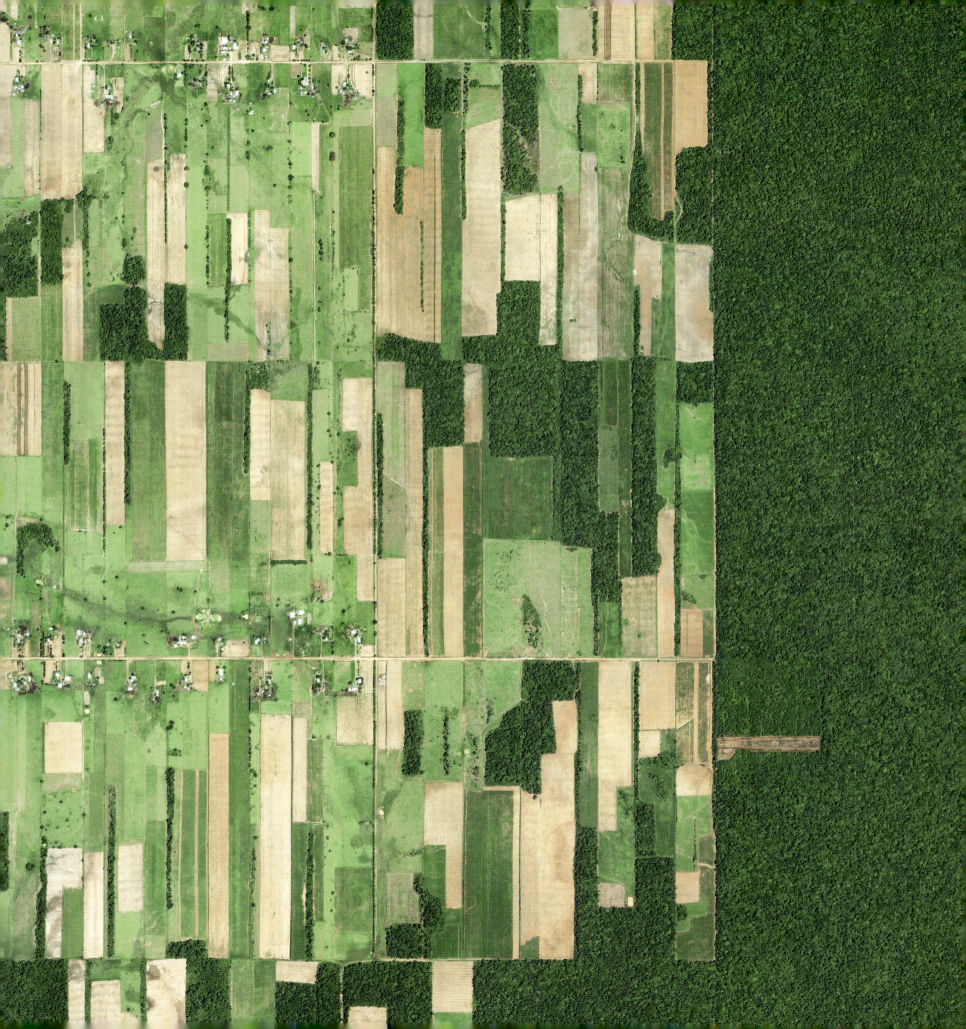

P30—31

玻利维亚的森林砍伐

-17.387750°，-60.562130°

玻利维亚，圣克鲁斯的雨林正遭受大肆砍伐，与之相邻的则是尚未遭到破坏的大片森林。伴随着农业和畜牧业日益机械化的发展，这个国家开始对森林进行大规模砍伐。为了满足日益增长的人口需求，必须扩大粮食生产规模，甚至不惜以牺牲森林资源为代价。在这张图片中，这种矛盾斗争的情景一览无余。虽然到目前为止，森林砍伐率相对稳定在每年约 2 000 平方千米，但据估计，从 2000 年到 2010 年，玻利维亚已经减少了 18 200 平方千米的森林。

上图

巴西的森林砍伐

-3.792333°，-53.868947°

巴西，帕拉州，亚马孙热带雨林地区，城市一条中心道路的两侧呈分枝状的砍伐作业。从 1991 年开始，亚马孙的森林砍伐速度明显加快，在 2004 年达到了一个顶峰——那年的森林流失率达到了 27 423 平方千米 / 年。从那以后，虽然砍伐速度放缓了下来，但余下的森林覆盖率仍在逐年减少。

亚马孙地区拥有着这个星球一半多的热带雨林资源，是世界上生物多样性最为丰富的地区。

右图

布拉茨克纸浆厂

56.113654°，101.602842°

俄罗斯，布拉茨克市的一座纸浆厂，以及安加拉河面上被冻住的木材。纸浆厂的任务是将砍伐下来的树木和木屑制作成厚纤维板，再把板子运送到造纸厂进行进一步加工。布拉茨克的这座纸浆厂，每年可以处理木材 41.3 万立方米。

P34—35

水产养殖
26.408924°，119.741132°

中国，福建省，罗源湾海鲜养殖场。水下有一个个巨大的笼网，里面养殖着包括螃蟹、龙虾、扇贝、海鲤鱼在内的各种各样的海鲜。图片中呈现的规模，大约有6平方千米。

左图

贻贝
42.576312°，-8.859047°

西班牙，加利西亚海岸，阿洛乌萨河口的贻贝养殖区。这些浮床是贝类的育婴室，等到它们长到足够大之后，就可以采收了。由于这个地区水中浮游植物的浓度很高，为贻贝的生长提供了丰富的蛋白质，故而贻贝养殖业发展得生机勃勃。

右图

虾

28.587725°,−111.732473°

墨西哥,索诺拉州海岸的虾池。在这些巨型池塘中,人们给各种虾类提供高蛋白饲料,并运用先进的统计方法进行饲养,等它们生长到一定大小,就可以上市出售了。

左图

养牛场

34.715427°，-102.507400°

美国，得克萨斯州，图上星星点点的就是养牛场饲养的牛群。当牛的体重达到295千克时，就会被送到这里，严格按照特殊食谱喂养。在接下来的三到四个月的时间里，它们的体重会继续增长180千克，之后就可以被送去屠宰场了。图中上方那块颜色鲜艳的地方，是一片潟湖，在排泄到其中的牛的粪便、死水中生长的藻类共同作用下，呈现出耀眼的颜色。

开采之地

WHERE WE EXTRACT

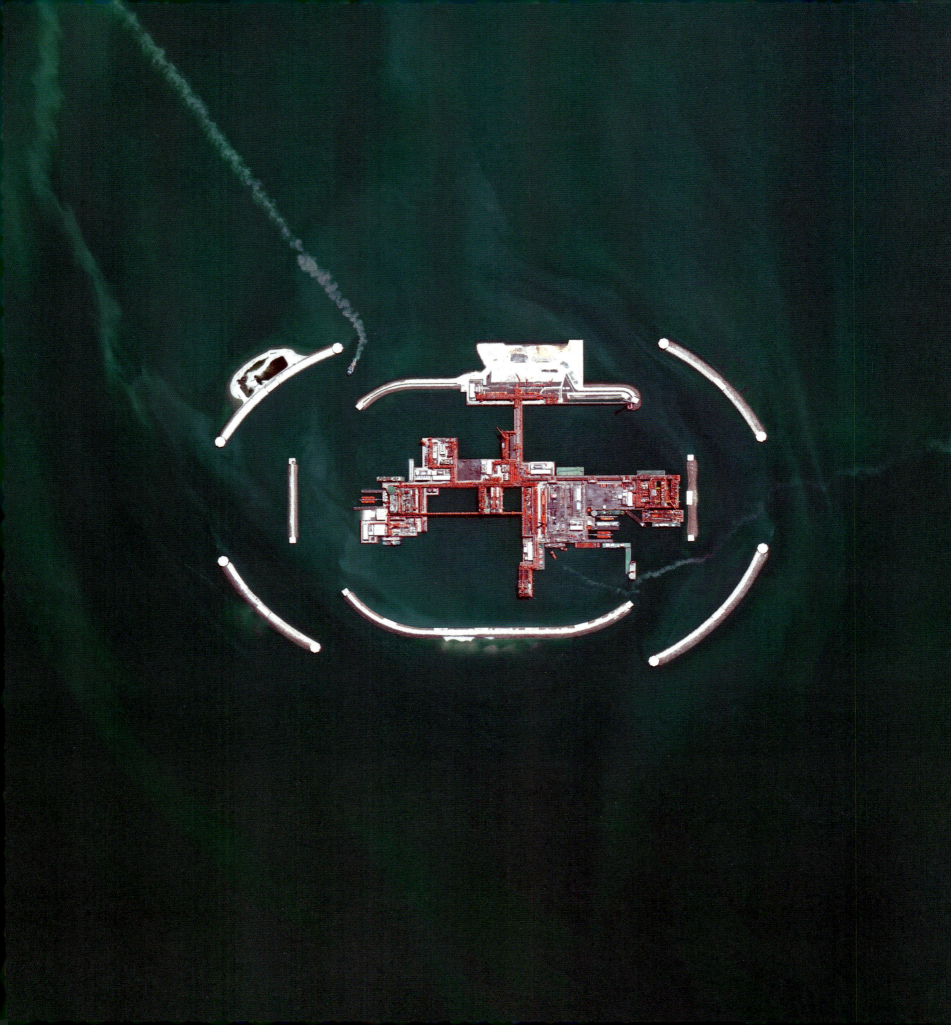

"如果有需要，我们可以把整个地球洗劫一空，甚至穿透它的深处、更深处，去到最遥远的地方，只为获取财富。"

——德勒姆《自然神学》
转引自娜奥米·克莱恩《改变一切》

P40—41

鲸背山铁矿
-23.362130°，119.669422°

鲸背山铁矿，位于西澳大利亚的皮尔巴拉地区，其中98%的铁矿石都用于钢材制造。钢材是建筑、汽车和冰箱等电器设备的主要原材料。

左图

卡沙干石油平台
46.166827°，51.581139°

在哈萨克斯坦的里海区，两艘船正在驶过环绕卡沙干石油平台的海堤。这个地区被称为卡沙干油田，是一个海上油田，可采储量据估计约为130亿桶原油。然而，这里的气候条件极其恶劣，冬季会出现海冰，每年温度变化巨大——从零下35℃到零上40℃，水位极浅，硫化氢浓度高，在这种环境下从事石油开采，是世界上最具挑战性的工作之一。

开采之地

有些自然资源，是我们无法在实验室中生产或培育出来的，所以，我们挖、泵、拆、压，想尽一切办法来榨取我们需要的东西。然后，再把这些资源运送到世界各地进行提炼、加工、熔化，制成商品或者其他产品的主要原料。

然而，我们该如何、该去何处获取自然资源？这个问题本身就是人与机器之间不断发展的一个交叉点——人类贪得无厌的需求和为此不得不继续发明的新技术。我们应该去哪里获取自然资源？面对这个问题，我们在关注如何利用地球去推动自己发展的同时，还会惊叹于作为创造者的聪明才智。

人类开采资源的地点，是从太空中可以俯瞰到的最为明显的人造景观。人类的挖掘和拆剥，给地球留下的累累伤痕和人造色彩，在其他地方很难见到。然而这些还只是表面上的伤疤。2016年，矿业公司报告的矿山储量还够开采75年，这个数字不包括尚未发现的矿产资源。

市场供需关系驱动着采矿业的发展，但我们应该意识到，我们其实有能力去改变这种"需求"，这样开采的前景就掌握在我们自己手中了。以化石燃料为例，正因为我们发明出了先进的新技术，可以进行更有效的萃取，才得以不用再面对坐吃山空的危机。如果我们想为地球做些什么，就必须优先考虑去利用可持续发展的能源，要想实现这种转变，必须先转变意识。在本章中会看到我们日常消耗的一些事物——它们是如何制造的、由什么组成的，以及它们是靠什么力量运转起来的。

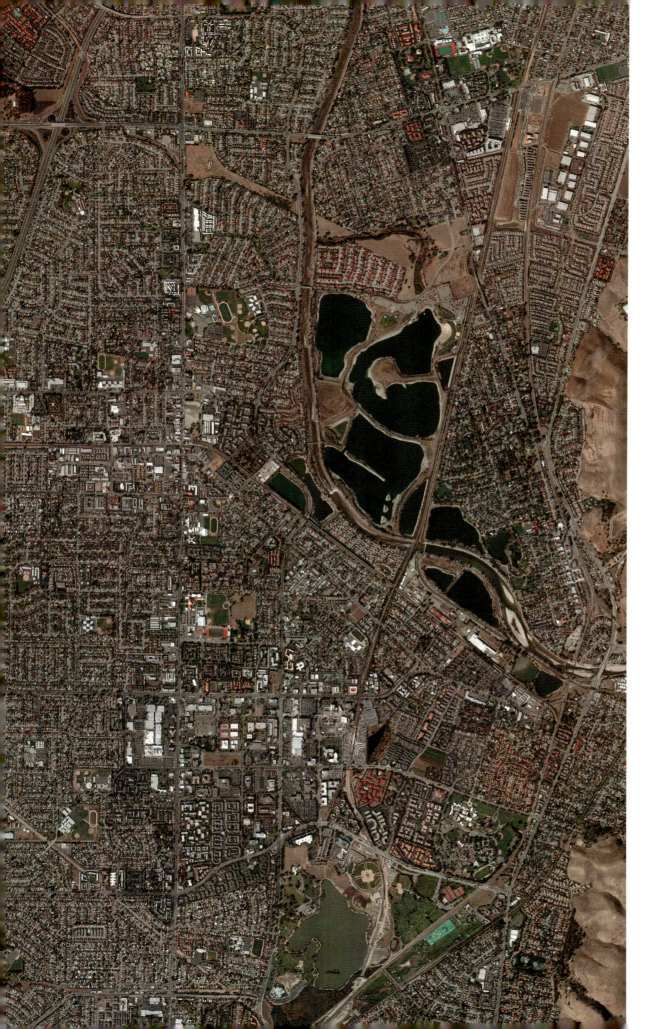

左图

旧金山湾盐池
37.504215°,−122.036887°

美国,加利福尼亚州,旧金山湾湿地。最近的一份数据表明,这里大概80%的面积都被开发成盐矿,约67万平方千米。人们把水注入巨大的池塘,进行自然蒸发之后,再把剩下的盐收集起来。池塘中生长着耐盐的藻类,所以才会呈现出图中明快鲜艳的颜色。

左图

濒死的死海
31.2367202°，35.378043°

最近的几十年间，由于对死海自然资源的过度开发，以及注入量的减少，死海水位每年下降超过1米，地下水位也随之下降。富含矿产的含盐度极高的海水，之前原本存在于海岸线附近的地下，现在也正逐年被淡水稀释。为此，2013年12月，以色列、约旦和巴勒斯坦当局共同签署了一项协议，计划将铺设一条连接红海和死海的输水管道，以补充受灾水域的水资源。

右图

索基米奇锂矿
−23.481939°，−68.333027°

索基米奇锂矿，位于智利阿塔卡马沙漠。这片地区历史上从未有过降水记录，因此也被认为是地球上最干旱的地方之一。地下井中富含矿物质的卤水被抽取到一个巨大的浅池中，池水被染成深色，从而加速蒸发。阿塔卡马沙漠中的地下卤水中锂盐含量极其丰富，锂是生产电池和一些药品的重要原料。

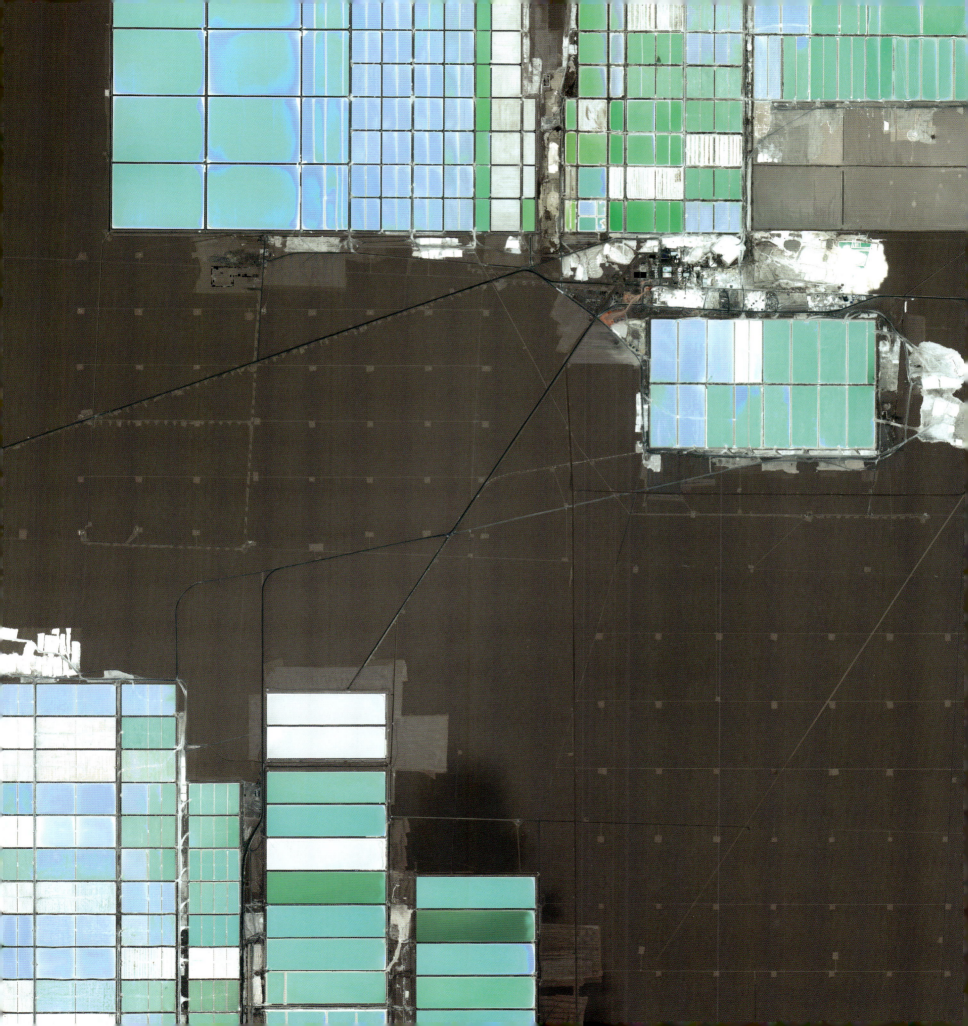

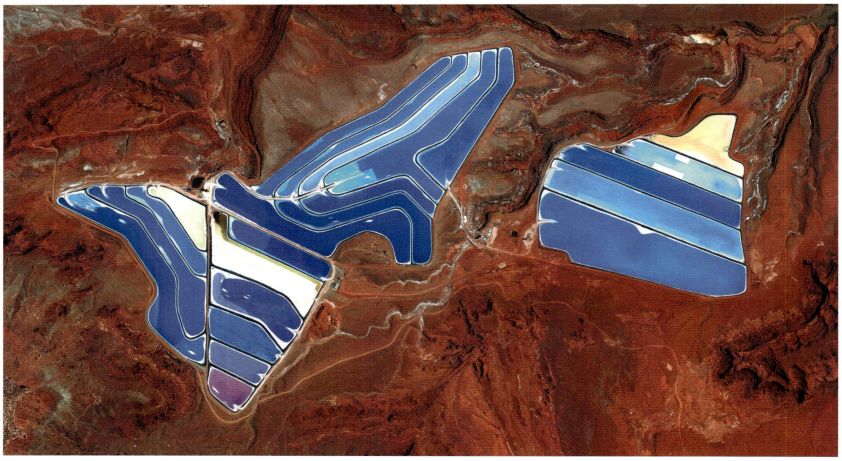

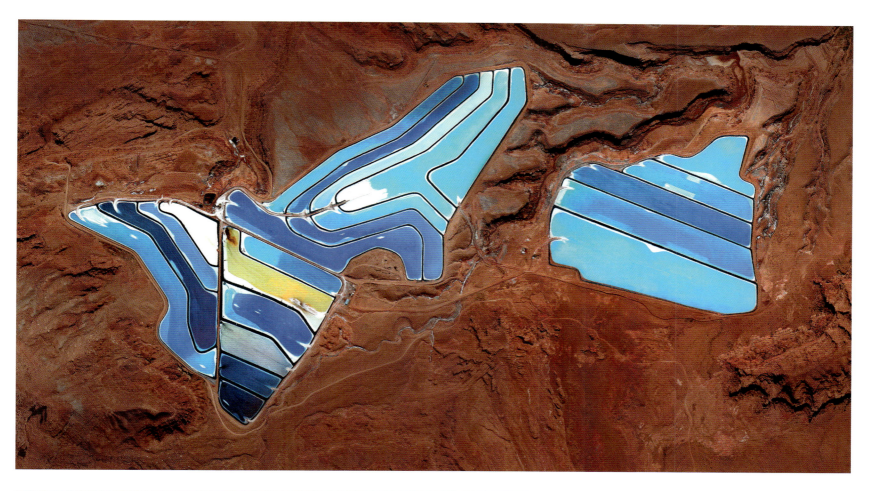
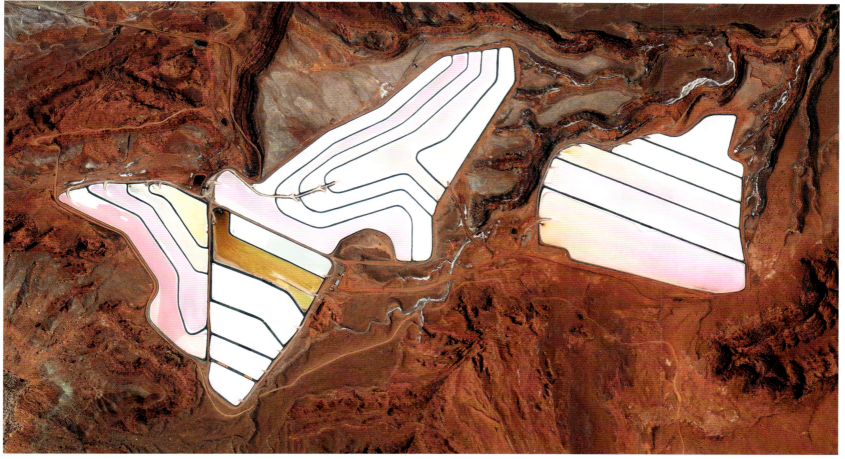

P48—49

莫阿布的钾肥蒸发池

38.485579°，-109.684611°

美国，犹他州，莫阿布镇的钾肥蒸发池。这里开采的钾盐是生产肥料的主要原料。地下的卤水被抽取到地面巨大的太阳池中晾晒，在接下来300多天蒸发过程中，盐分逐渐结晶。图中看到的深浅不一的蓝色，是为了缩短水分蒸发和钾盐结晶的时间，特意将水染成了深蓝色，以便吸收更多的阳光和热量。随着时间的推移，一部分水分被蒸发，蓝色也逐渐褪去。

右图

塞尔斯湖

35.711209°，-117.361819°

美国，加利福尼亚州，莫哈韦沙漠的塞尔斯湖，它是一个延绵19千米长的蒸发盆地。这里盐井中钠和钾的储量有40多亿吨，是生产洗涤剂、化妆品和杀虫剂的基本原料。

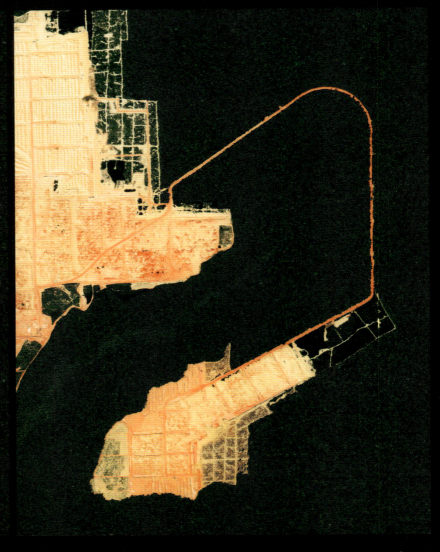

2005年8月   2008年8月

不同时期的两张图片

波尔图市塔斯铝土矿的扩张 −1.688161°，−56.489029°

    1979年，巴西波尔图的塔斯铝土矿开始开发，现在年开采量1 800万吨，是世界上最大的铝土矿。从这两张并列的图片中可以看到开采持续扩张所带来的变化。铝是地壳中含量第三大的元素，但由于再生速度缓慢，属于不可再生资源。

生产铝的第一步是开采铝土矿，之后还有两个步骤：
1. 用拜耳（精炼矾土）法提炼矿石以获得氧化铝；
2. 用霍尔－赫劳尔特电解炼铝法冶炼铝氧化物来获得纯铝。

右图

杜里油田

1.336220°，101.228242°

    杜里油田，位于印度尼西亚的苏门答腊岛廖内省，从1954年开始运行，现占地面积约324平方千米，日均石油产量18.5万桶。

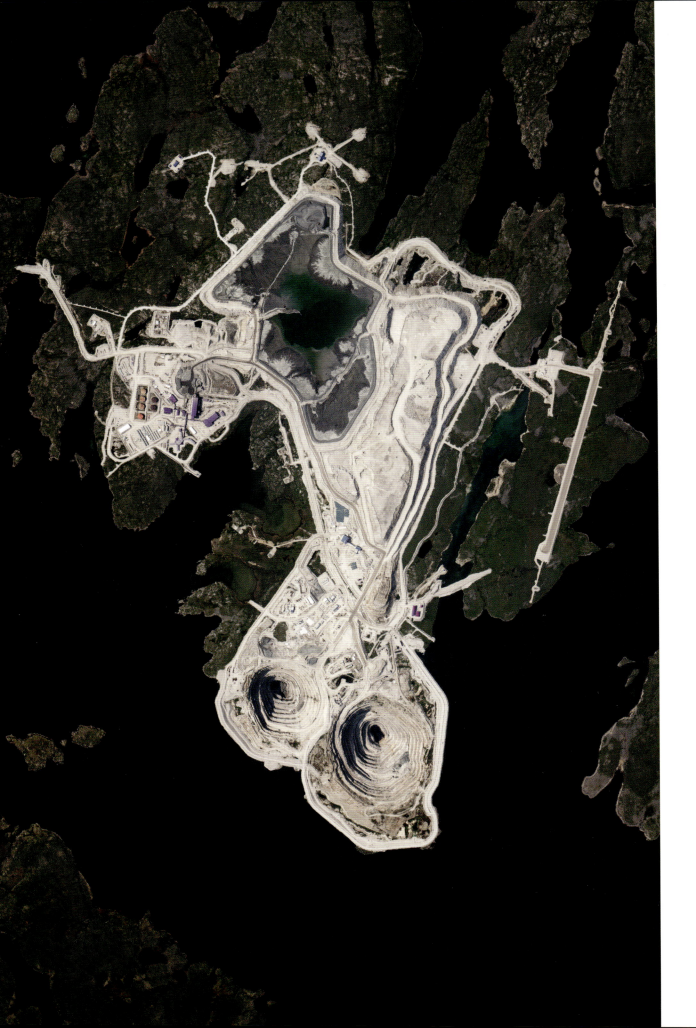

P54—55

丘基卡马塔铜矿

-22.288964°，-68.896753°

丘基卡马塔铜矿，位于智利安托法加斯塔地区，是世界上最大的露天铜矿，深850米，蕴藏量2900多万吨。铜主要应用于电线制造（用量约占总量的60%）、屋顶和管道（用量约占总量的20%）以及工业机械（用量约占总量的15%）。铜也常常和其他元素相结合来制造合金（用量约占总量的5%），比如黄铜和青铜。

左图

戴维克钻石矿

64.496111°，-110.273333°

戴维克钻石矿位于加拿大西北部的拉克格拉斯湖，北极圈以南193千米，每年钻石产量约为750万克拉，换算成标准重量单位，就是1500千克。

右图

朱瓦能钻石矿

-24.523050°，24.699750°

博茨瓦纳的朱瓦能钻石矿，年产量约1.56亿克拉，是世界上价值最高的钻石矿山。这里的价值是根据钻石开采率以及钻石质量（销售价格）两个因素综合评估而来的。这里的工厂每年开采930万吨矿石，产生3700万吨废料。

P58—59

汉巴赫露天矿

50.911368°，6.547357°

位于德国中西部的汉巴赫露天矿。图中的那些线条是斗轮挖掘机留下的行驶轨迹，这些巨型车辆高96米、长223米，是世界上最庞大的陆地机械，它们不断从地面挖取矿石，用于提取褐煤。褐煤，是一种由压缩泥炭组成的软质的可燃沉积岩，是发电燃料。

上图

奥罗拉磷矿

35.375614°，−76.785105°

美国，北卡罗来纳州，奥罗拉磷矿，是世界上最大的综合型磷矿开采厂和化工厂，每年生产600万吨磷酸盐和120万吨磷酸。磷酸盐用于制造肥料和动物饲料添加剂，而磷酸是一些食品、饮料以及金属处理剂的原料。

右图

阿尔利特铀矿

18.748570°，7.308219°

阿尔利特铀矿，位于尼日尔的阿尔利特。法国核能发电，包括法国核武器计划，都依赖于从这个矿中提取的铀，这里铀年产量超过3 400吨。

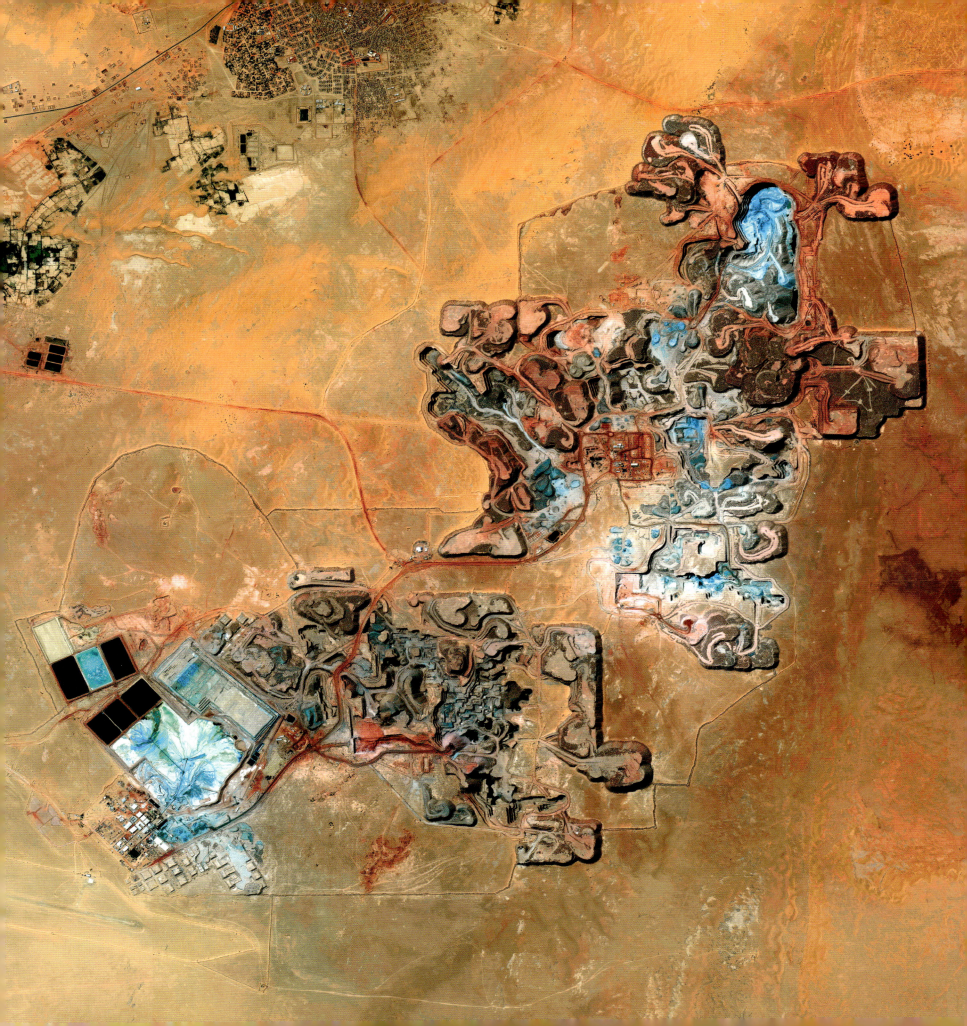

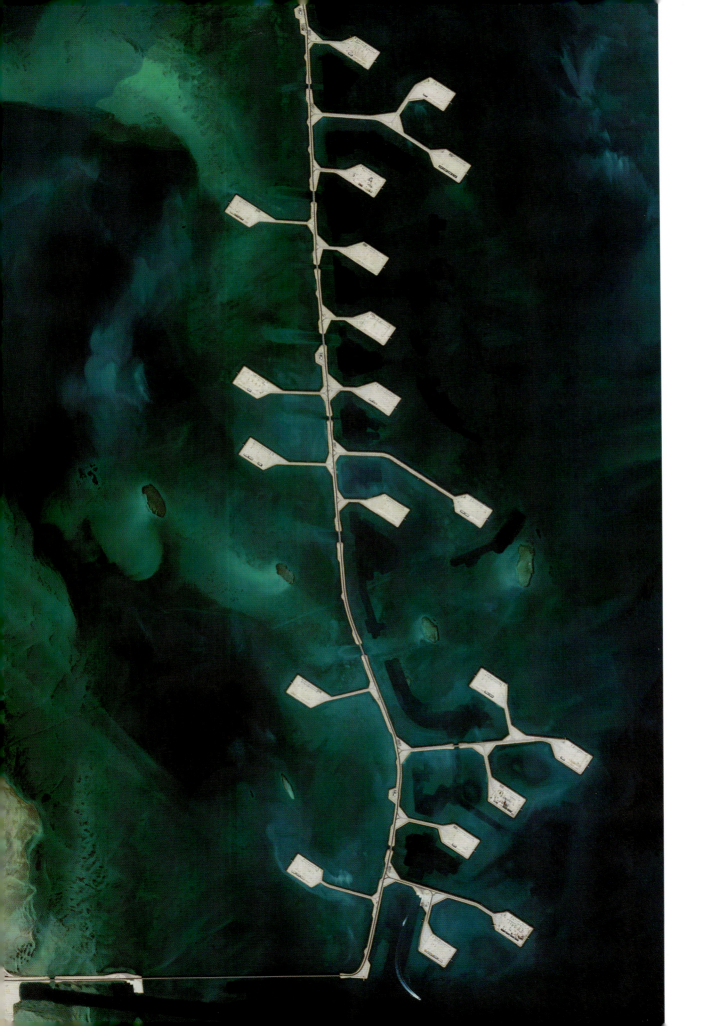

左图

迈尼费油田
27.639937°，49.030375°

图中是沙特阿拉伯迈尼费油田上面人工岛的泵吸设备。迈尼费油田是世界上第五大油田，原油日产量达到 90 万桶。由于该地区水位浅，如果不进行大规模疏浚，无法建造海上钻井装置。因此，人们用 4 000 万立方米的沙子和 1 000 万吨的石块，建造了一条 21 千米长的堤道，用来连接人工岛的 25 个分支上的钻井岛。每个钻井岛都是一个地下开采石油的平台，面积约为 340 米 × 260 米。

右图

普里拉兹洛姆诺耶石油钻井平台
69.251946°，57.340583°

普里拉兹洛姆诺耶石油钻井平台，位于俄罗斯新地岛南部的伯朝拉海，是世界上第一个位于北极圈内的钻井平台，花费了十多年的时间修建而成，拥有 6.1 亿桶的石油储备。由于该油田在预防潜在泄露方面没有做好充分应对措施，一直受到环保主义者们的强烈谴责，环保主义者担心这会给北极地区野生动物带来潜在威胁。

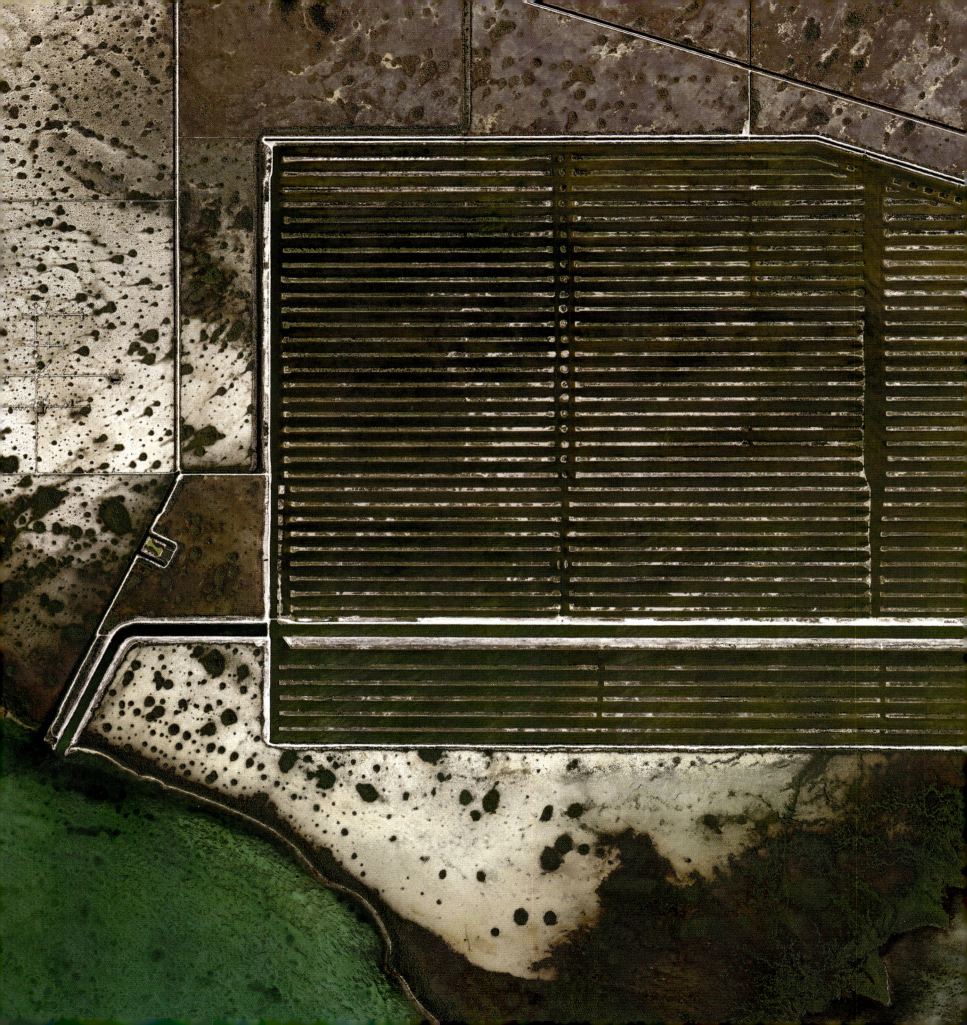

能源之地
WHERE WE POWER

"火造就了人类，化石燃料引领我们进入现代化，而现在，我们需要一个新的火种，一个能让我们安全、有保障、健康，而且可持续发展的火种。"

——艾默里·罗文斯《一个四十年的能源计划》

能源之地

P64—65

土耳其角核电站
25.394189°，-80.346119°

美国，佛罗里达州，霍姆斯特德的土耳其角核电站。网状的冷却管道环绕在电站四周，用来冷却从工厂中流出的核反应堆的水（图中右下角），这些水在循环回去进行再利用之前，要流经一个长达270千米的管道，耗时两天。因为管道中的水温和含盐量很高，这个地区也成为北美鳄鱼首选的栖息地和避难所。

左图

新月沙丘太阳能电站
38.238992°，-117.363770°

新月沙丘太阳能电站，位于美国内华达州的托诺帕附近，在用电高峰期，能为7.5万户家庭提供电力。这里安装了1.75万个追日镜，这些追日镜收集太阳能以加热160米高的发电塔中的熔盐，加热后的熔盐会流入塔底的存储罐中，作为蒸汽涡轮发电机组的热源，进行发电。这张图的左下角，可以看见一架商用飞机正在飞过。

我们日常生活的方方面面都离不开能源。家中的电力设备，为我们带来光明、给手机充电、洗衣服、热饭，等等，不胜枚举。然而，却很少有人知道或者思考过这些能源来自何处，技术进步不仅扩大了我们获得能源的方式，而且提高了效率，在本章中我们将要看到的就是其中的一些方法。

从前面几章的内容中，我们可以看到电力是在什么样的地方生产出来的，电厂需要消耗的自然资源占据着多么广阔的空间。我们也一定会注意到"清洁"能源的储量有多么巨大（比如：风能和太阳能）。虽然审美层面只是本书内容的一部分，但不可否认的是，我们确实能在清洁能源中发现美好的一面，从而替代那些"肮脏"能源（例如：石油和煤炭）。

现代能源在推动了社会和经济的广泛发展的同时，也成为我们面临的最严峻的环境问题之一。我们常常听说碳排放、温室气体，但却无法真正理解这些看不见的敌人。

在现在，化石燃料依然是用来发电的最廉价的选择。然而科学界却对化石燃料的继续开采和使用忧心忡忡。为了更好地理解电力能源，让我们一起来看看它究竟是什么样子，以及它是从哪里来的。

P68—69

蔚山炼油厂

35.460962°,129.353486°

韩国,蔚山炼油厂,是世界第三大炼油厂。每天都有来自中东、南美、非洲的油轮把原油源源不断地运送到这里。该工厂的炼油能力为每天112万桶,除此之外,还生产液化石油气、汽油、柴油、航空燃料和沥青等。

上图

库欣原油库

35.942624°,−96.752899°

库欣原油库,位于美国奥克拉荷马州库欣镇,这个小镇只有2 000多个居民。该油库储量大约8 500万桶,占全美原油总储量的13%,是世界最大的油库。库欣油库的所处位置具有重要的战略意义,它位于美国油管网路的交汇点,基石输油管线(从加拿大的阿尔伯塔直通墨西哥湾)的一个重要站点也在这里。

右图

秦皇岛煤炭码头

39.933622°,119.683840°

位于中国秦皇岛市的煤炭码头是中国最大的煤炭运输站。这里负担着中国南部沿海煤炭运输的主要任务,每年向发电厂运输煤炭2.1亿吨。2015年中国政府公布的数据显示,中国每年的煤炭燃烧量已经超过了此前披露数据的17%。官方数据的大幅修正意味着中国每年额外的煤炭燃烧量有6亿吨,并且会排放出比之前预估的更多的二氧化碳,每年差不多10亿吨。

右图

尔克燃煤电厂。这里使用的煤炭采自怀俄明州粉河盆地。燃煤电厂的工作原理是通过煤炭燃烧产生水蒸气，蒸汽流入涡轮，推动发动机旋转产生电力。蒸汽冷却后会形成冷凝水，冷凝水流回锅炉中进行下一次循环，过程中产生的污水会被排放到图中右侧的废水池中。

左图

D.B.威尔逊燃煤电站

37.450255°，-87.084050°

D.B.威尔逊燃煤电站位于美国肯塔基州森特敦。煤炭是全球使用量最大的发电能源，也是人类二氧化碳排放的最主要的原因。1999年，全世界由于煤炭使用而带来的二氧化碳排放量为86.66亿吨；到了2011年，已经增长到了144.16亿吨。

上图

卡德尔电站

-26.089118°，28.968824°

南非，姆普马兰加省，卡德尔电站。这里采用的是干式冷却系统，就是用空气代替水作为冷却剂来冷却从汽轮机中排出的蒸汽，这样可以降低90%以上的水使用量，但这种系统的效率较低，需要消耗更多的燃料。该电厂拥有世界上最大、最高的六个冷却塔，其基础直径达到了165米。

P76—77

希拉河电站

32.970997°，-112.708929°

希拉河电站位于美国亚利桑那州的希拉本德，拥有八台以天然气为燃料的涡轮机。天然气通过31千米长的管道输送，可生产约2 200兆瓦的电力。图中间那个五颜六色的长方形，是电站的冷却池。

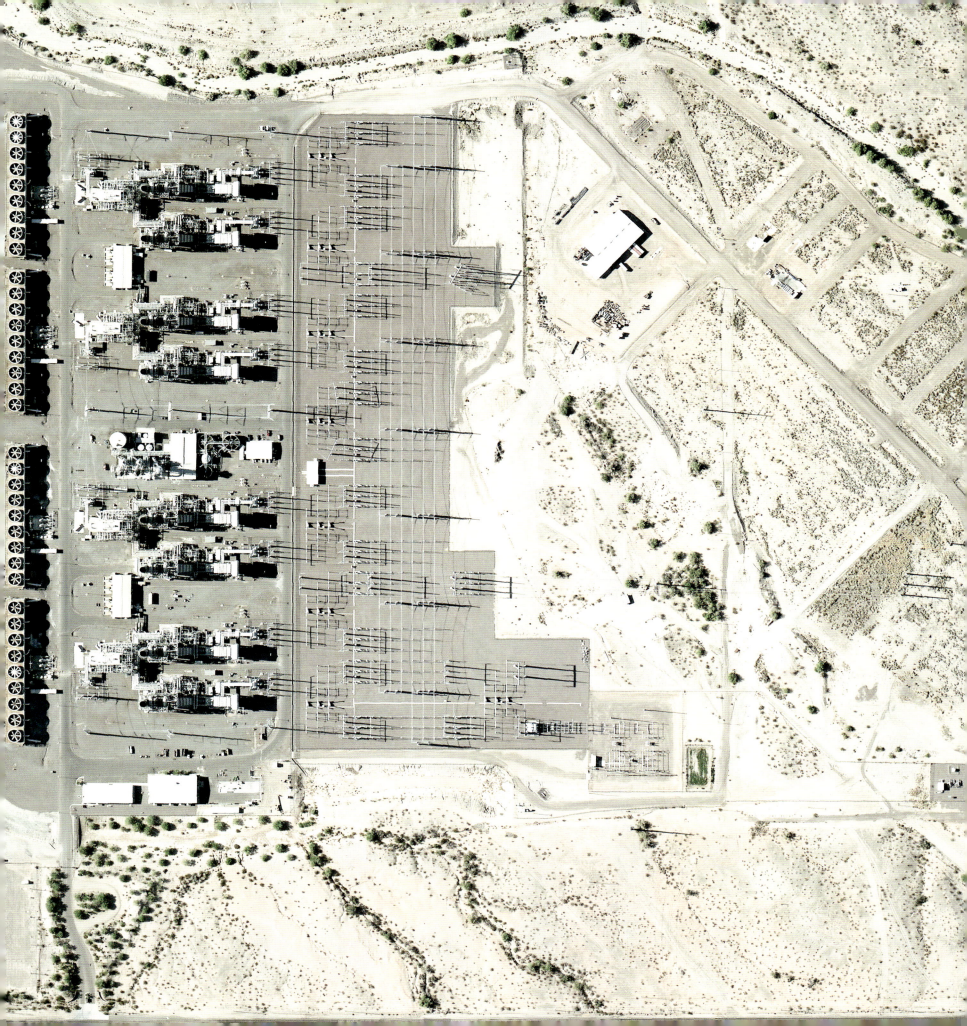

P78—79

溪洛渡水电站

28.259850°，103.649500°

中国，金沙江的江水正从溪洛渡大坝汹涌而过。之所以采用像这样的拱坝设计，是因为水流通过时对拱身产生的压力可以使其基础更加牢固。溪洛渡大坝高286米，是世界上第四高的大坝，发电量为13 860兆瓦，这比一架航天飞机发射时的功率还多20%。

左图

大狄克逊坝

46.080559°，7.401694°

大狄克逊坝位于瑞士瓦莱州，高285米，是世界上最高的重力坝。重力坝能够完全依靠自身的重量来抵抗河水带来的水平推力。大狄克逊坝花了14年的时间才建造完成，使用了600万立方米混凝土，为超过40万户的瑞士家庭供应电力。

上图

胡佛大坝

36.015844°，-114.738804°

胡佛大坝，位于美国亚利桑那州和内华达州边境的科罗拉多河，高221米，宽379米，是一座混凝土重力拱坝。它建造于1931年到1936年之间的美国经济大萧条时期，投入劳动力约2万人，使用了333万立方米的混凝土——这些混凝土足以铺满一条从旧金山到纽约的两车道高速公路。

P82—83

莱夫里哈1号太阳能发电站
37.007977°，−6.049280°

西班牙，莱夫里哈，莱夫里哈1号太阳能发电站。太阳能电站，使用发射镜将太阳能集中起来，这些太阳能将油加热到400℃左右，油把热能传给水，产生加压蒸汽，蒸汽驱动涡轮机，通过发电机将机械能转换成电能。发电站由安装在6 048个抛物槽中的17万面镜子组成，如果把这些镜子一个挨一个连起来，其长度可达到60千米。

左图

古吉拉特邦太阳能发电园区
23.905854°，71.196795°

印度古吉拉特邦的太阳能发电园区，这里有许多太阳能设备。据估计，这个项目每年可以减少800万吨的二氧化碳排放量，节省90万吨天然气。这种特殊的太阳能发电园区主要由太阳能电池板组成，用来将吸收的太阳能转化为电能，太阳能逆变器可以将直流电转变为交流电，通过电网输送出去。

右图

沙漠太阳能发电厂
33.813087°，−115.400001°

沙漠太阳能发电厂位于美国加利福尼亚州莫哈韦沙漠，是一个光伏发电站。这里有880万个太阳能电池板，占地面积16平方千米，是世界上最大的光伏太阳能发电厂之一。

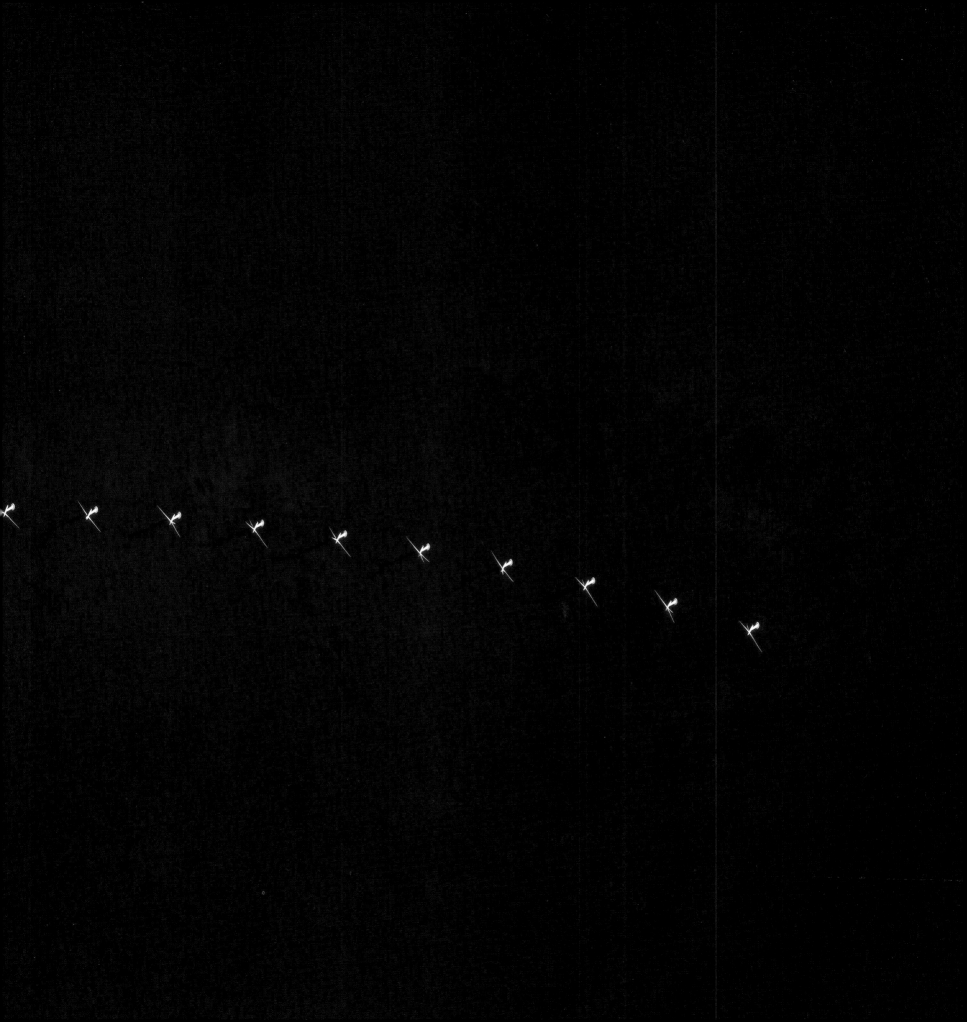

P86—87

米德尔格伦登风力发电厂
55.690455°，12.668373°

　　米德尔格伦登风力发电厂，位于距丹麦哥本哈根市中心 3.5 千米的海面上，丹麦和瑞典边界的海峡附近。这里拥有 20 座涡轮机，提供的电力占整个哥本哈根的 4%。风力涡轮机的叶片借助风力缓慢转动，叶片连接着涡轮机顶部的驱动轴，带动发电机一起转动从而产生电能，再通过地下电缆传送到各地。每台涡轮机的运行都是相互独立的，内部都有一台计算机，不断计算风速和方向。涡轮及其叶片的顶部可以旋转 360°，叶片的间距也可以调节，从而可以始终面对风向，为发电提供最大的能量保证。

左图

东海大桥风力发电厂
30.770004°，121.991800°

　　随着潮水上涨，被冲刷后的泥沙形成了一道道条纹，堆积在中国上海东海大桥风力发电厂周围。这个风力发电厂是中国第一个商业海上风力发电厂，可以为 20 万户家庭提供电力。

左图

斯泰特莱恩风力发电厂
46.029760°, −118.875712°

　　斯泰特莱恩风力发电厂,位于美国华盛顿和俄勒冈的交界处。这个地区的平均风速保持在每小时26千米至29千米,风力发电厂拥有456个涡轮机,发电量足够9万户家庭使用。考虑到涡轮机很容易给这些鸟类或其他小动物带来伤害,在风力发电厂修建之前,先进行了环境调研,确定了这个地区很少有鸟类或其他物种活动,每个塔筑的位置和结构也都尽量保证鸟类不会在上面建窝筑巢。

"我们都渴望有个家,在家里,我们安全,不会遭受质疑。"

——马娅·安杰卢《上帝的孩子都需要旅游鞋》

居住之地

对于我们大多数人来说,无论是暂时落脚或者永久定居,家,是一个无论什么时候都可以回得去的地方。只要人类存在,确保居住空间的安全对我们的生存就至关重要。从非洲洞穴到迪拜群岛,我们真的走了很长一段路。

从太空中俯瞰地球,可以看到不计其数的人类住所,本章中的图像就是各式各样人类生活空间中的一些小小的样本。在许多情况下,本章的内容和"规划之地"一章中城市规划的内容是紧密联系的。所以在这章我们把重点放在了住宅小区上面,毕竟社区已经发展成为一个极具凝聚力的组织。俯瞰的视角,不仅能让我们看到对街的房子,还能看到生活在遥远的地球另一边的人类住所。

对人类来说,建造结实耐用而且便宜的房子是亟待解决的紧迫问题。的确,随着越来越多的人口涌入城市,我们要求越来越大的居住空间,这其中存在的挑战和问题将在之后的内容中看到。虽然我们在太空中看到的只是冰山一角,但从总览的角度,我们也许能够更好地理解地面上的情景到底是什么样子,我们应该去做些什么让事情变得更好。

P90—91
瓦尔帕莱索
−33.029093°,−71.646348°

智利的瓦尔帕莱索,它建造在无数陡峭山坡之上,俯瞰着浩瀚的太平洋,也因此被称为"太平洋宝石",它是智利的第六大城市,拥有28.5万居民。

左图
巴林人造海上乐园
25.838060°,50.596236°

巴林人造海上乐园,目前仍在建设中,地处波斯湾,包括13个人工岛屿,主要用于住宅开发,该项目建设成本估计为60亿美元。

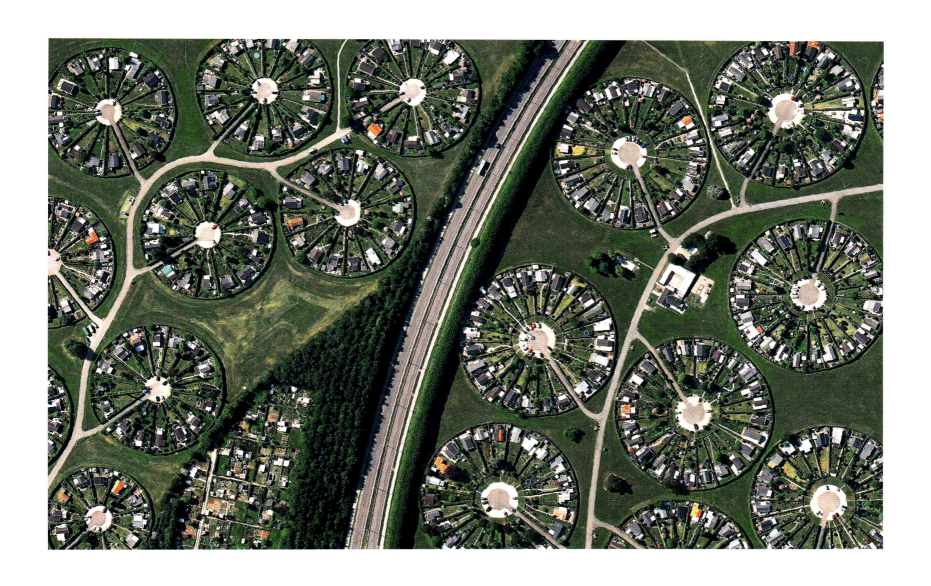

P94—95
旧金山市郊
37.445583°，-122.147748°

许多研究都表明，一个住宅区居民的财富和它的绿化率之间是紧密相连的，美国加利福尼亚州旧金山市郊就是一个典型的例子。在这张总览图片中，右侧是两个特别富有的小镇——阿尔托和阿瑟顿，可以看到这里被大片的绿植覆盖，这和左边不太富裕的雷德伍德城呈现出了鲜明对比。

左图
德里
28.614656°，77.057758°

印度德里市，常住居民 1 600 万人，图中是乌塔姆格尔的桑托斯公园，这座城市的贫民窟，也是德里建筑和人口最密集的区域。

上图
布隆德比镇
55.637244°，12.395112°

布隆德比镇，位于丹麦哥本哈根城外，这里每栋房子前都有一个大院子，可以让人们在夏天来临时种植一些喜欢的植物。

左图

朗伊尔城
78.217583°,15.630230°

　　朗伊尔城,位于挪威的斯瓦尔巴群岛,地处欧洲大陆北部,挪威大陆和北极之间的中间位置。这里有 2 075 个居民,是拥有超过 1 000 个永久居民的世界最北端的城市,这里最低温度是零下46.3℃。

右图

马拉比尔达夫拉村
23.610424°,53°.702677

　　马拉比尔达夫拉村,是一片位于阿拉伯联合酋长国阿布扎比的别墅区,这里生活着大约 2 000 人,是世界上最炎热的地区之一,最高温度曾达到过49.2℃。

P100

朱美拉棕榈岛
25.119724°,55.126751°

　　朱美拉棕榈岛是一座人工小岛,位于阿拉伯联合酋长国的迪拜。耗费了33 亿立方米的沙子和 700 万吨的石头建造而成,人口大约 2.6 万。

P101

奥罗维尔湖船屋
39.398691°,−121.139347°

　　美国,加利福尼亚州,尤巴县,船只静静地停泊在新布拉奇酒吧水库中。由于连续四年的严重干旱,奥罗维尔湖中可供船只停泊的水域面积越来越小,很多船被转移到附近的陆地上停放。

上图

马累

4.175283°, 73.506694°

马累，是马尔代夫首都和人口最多的城市，每平方千米人口超过 4.7 万人，是世界第五大人口稠密城市，城市化程度极高。马累和马尔代夫的其他岛屿都位于高出海平面仅 1 米的陆地上。

右图

威尼斯

45.440995°, 12.323397°

威尼斯，整个城市坐落在由运河隔开并由桥梁相连的 118 个小岛上，人口大约 26.5 万。为了预防潮水水位超过警戒线，人们建造了 78 个横跨三个水湾的巨型钢闸门，用来将亚得里亚海的水引入威尼斯潟湖。闸门面板重 300 吨，高 28 米，宽 20 米，固定在海底的巨型混凝土基座上面。

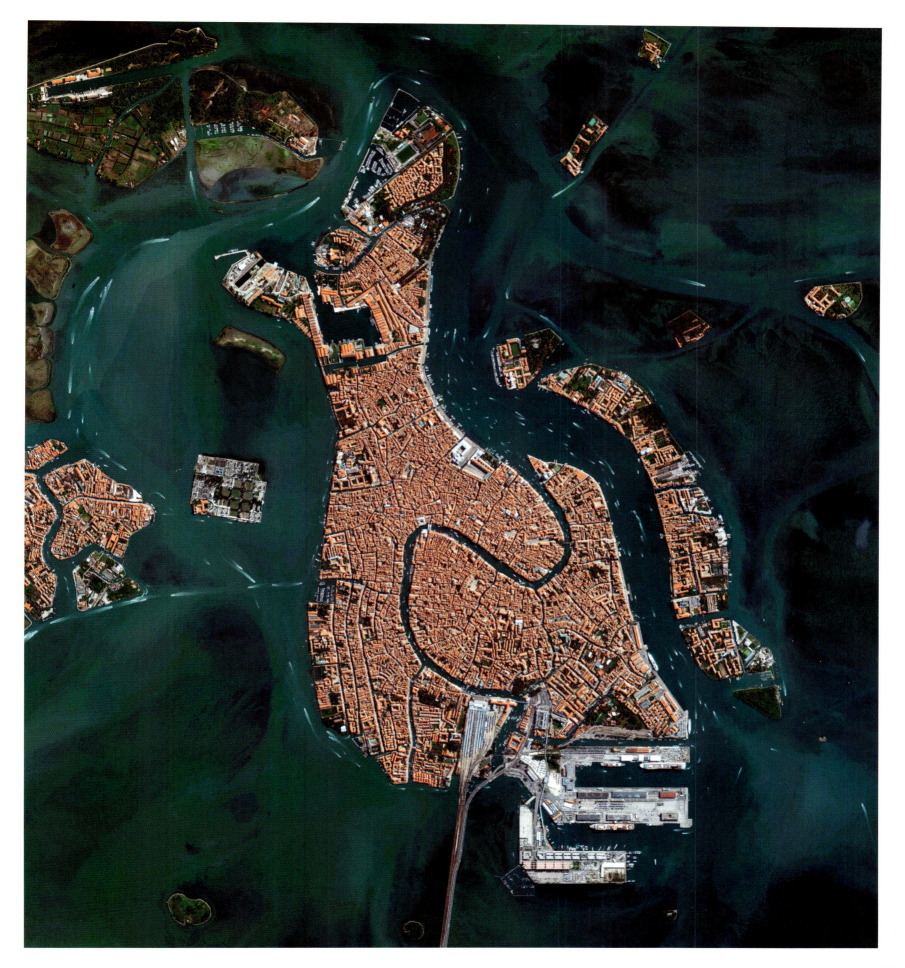

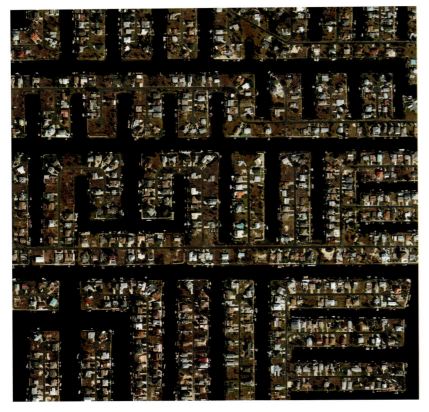 
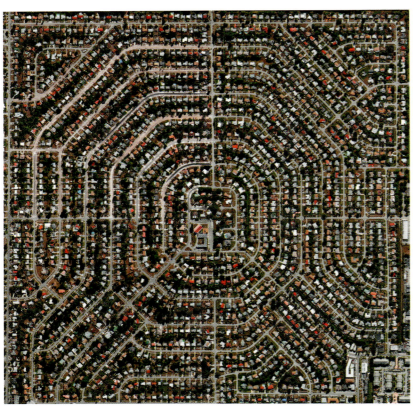 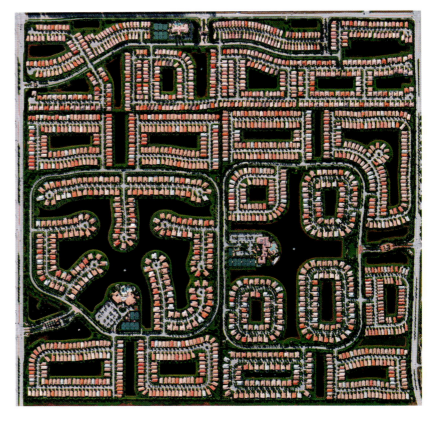

佛罗里达州住宅区的发展

美国佛罗里达州的很多城市中有许多建造于 20 世纪后半叶的大型社区，这些社区通常都修建在水路上方，从总览图片中可以看到这些社区的设计有多么错综复杂。

从左上角开始，顺时针方向

赫南多海滩，佛罗里达州	28.496771°, −82.657945°	总人口：2 185
开普科勒尔，佛罗里达州	26.604391°, −81.958473°	总人口：165 831
德尔雷海滩，佛罗里达州	26.475547°, −80.156470°	总人口：65 055
梅尔罗斯公园，佛罗里达州	26.113889°, −80.193611°	总人口：7 114

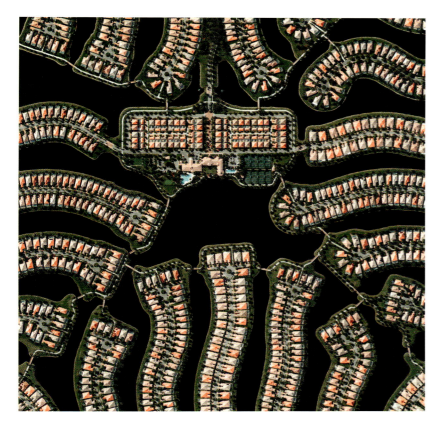
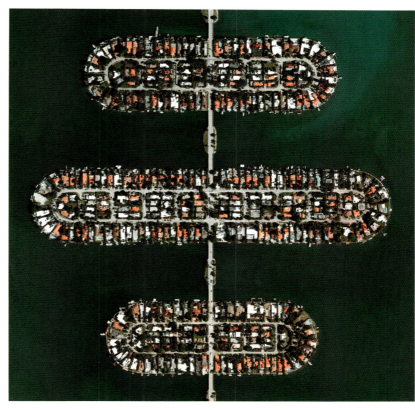

从左上角开始，顺时针方向

那不勒斯，佛罗里达州　26.250632°, −81.711302°　　　总人口：20 600
迈阿密海滩，佛罗里达州　25.790889°, −80.159772°　　总人口：87 779
西罗通达，佛罗里达州　26.893741°, −82.276419°　　　总人口：8 759
赤脚湾，佛罗里达州　27.887575°, −80.524405°　　　　总人口：9 808

P106—107

博卡拉顿，佛罗里达州　26.386332°, −80.179917°　　总人口：91 332

105

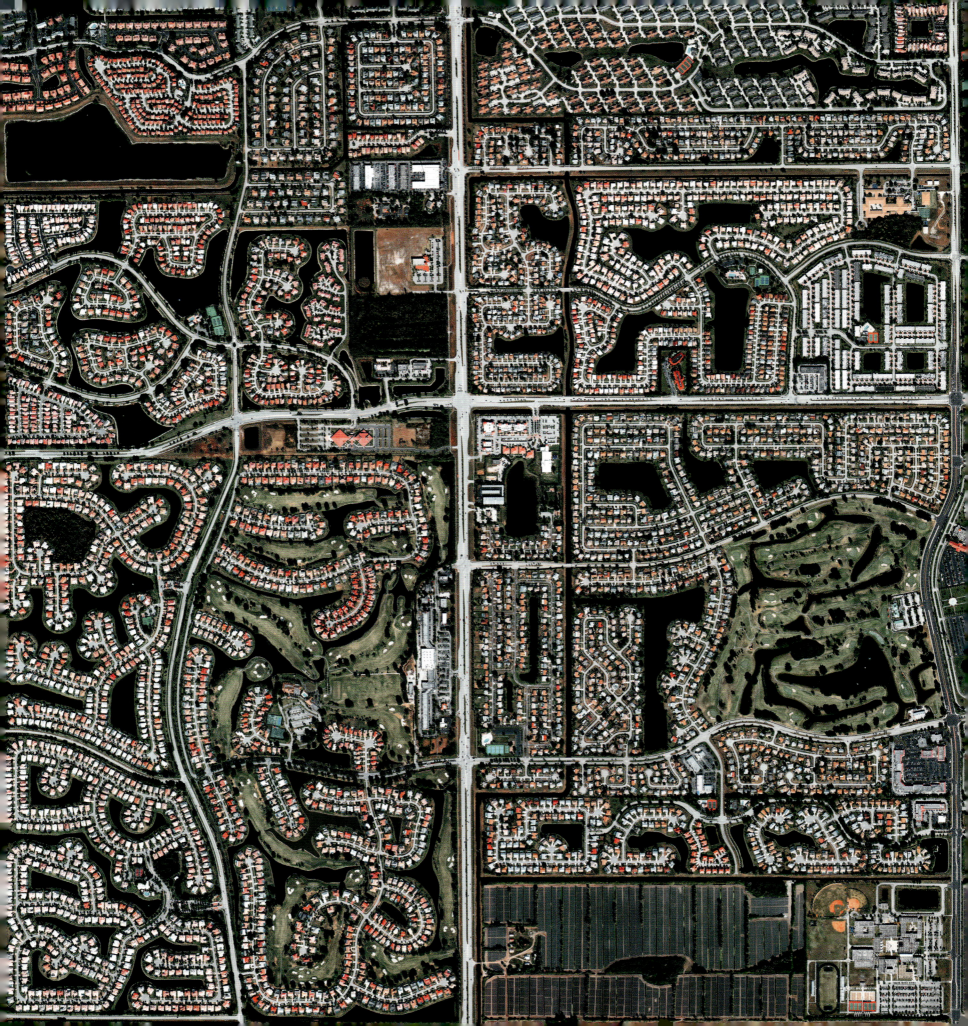

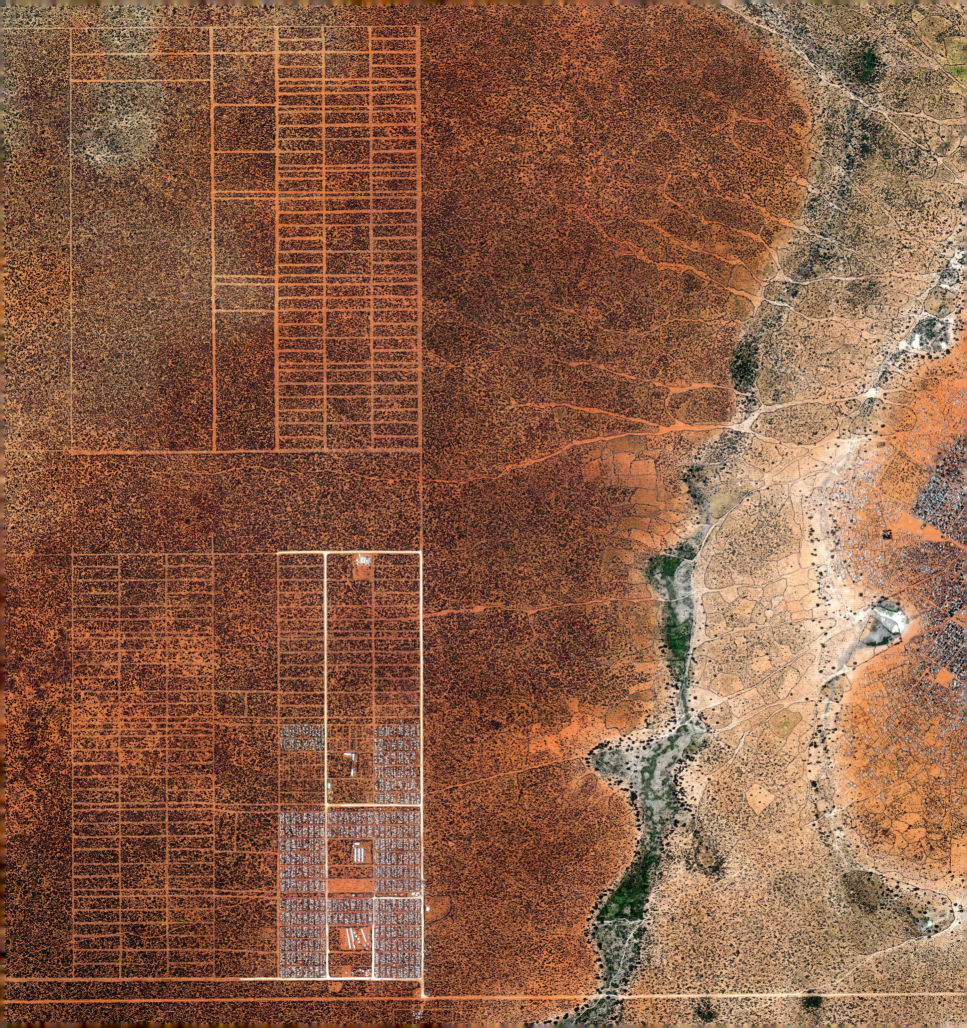

左图

达达布难民营
-0.000434°，40.364929°

　　图中的右侧位置，是哈加德拉，也是位于肯尼亚北部的达达布难民营中最大的一个难民定居点，这里是10万多难民的家园。随着越来越多流离失所的索马里难民来到达达布，联合国已开始将部分难民转移至名为LFO新的扩展区域，如图中左方所示。达达布是迄今为止世界上最大的难民营，共容纳了约40万难民。

P110
太阳湖
33.208518°，-111.876263°

美国，亚利桑那州太阳湖，这是一个具有成熟规划的社区，大约有 1.4 万居民，其中大部分是老年人。根据美国人口普查数据显示，这个社区的 6 683 户家庭中，仅有 0.1% 的家庭中有 18 岁以下的孩子。

左图
扎泰里难民营
32.291959°，36.325464°

扎泰里难民营，位于约旦马夫拉克，成立于 2012 年 7 月，为大批逃离战火的叙利亚民众提供庇护。该营地目前人口约为 8.3 万。

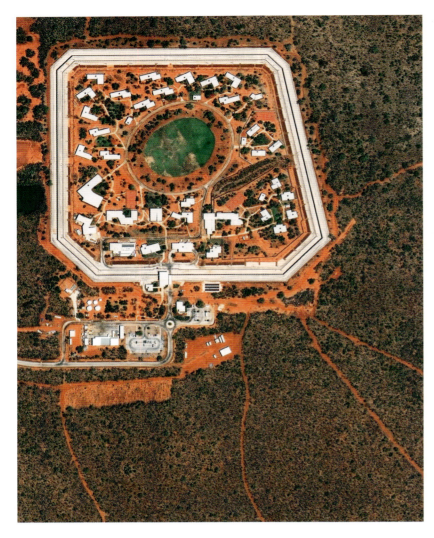

左图·左上

西金伯利地方监狱

−17.354186°, 123.675010°

位于澳大利亚德比的西金伯利地方监狱，可收容150名男女囚犯，由42座建筑物组成，其中包括22套可以进行自我康复活动的宿舍，每间宿舍可住6～7名犯人。

左图·左下

亚利桑那州佩里维尔州立监狱

33.470704°, −112.436855°

美国亚利桑那州的佩里维尔监狱，可收容2 382名女性囚犯，是一座专门关押女囚的监狱，其中包括全美国的女性死囚。

左图·右上

门多萨监狱

−33.094305°, −69.049702°

为了解决监狱囚犯人满为患的问题，阿根廷门多萨市政府修建了门多萨监狱，能容纳940名犯人。但据报道，这个监狱的犯人数量已经超出了其规定容量的三倍以上，通常的情况是5名犯人挤在仅4平方米的小牢房里。

左图·右下

关塔那摩监狱

19.902001°, −75.102790°

关塔那摩监狱，位于古巴关塔那摩湾，是美国军方于2002年建造的一所军事监狱。该监狱一直以来备受争议，虽然有很多来自政治方面的努力来促使其关闭，但仍然在持续运转中。

上图

ADX佛罗伦萨重刑监狱

38.358962°, −105.097407°

ADX佛罗伦萨重刑监狱，位于美国科罗拉多州弗里蒙特县，能容纳410名男性犯人，这里关押着美国近代史中臭名昭著的罪犯。该监狱占地面积0.15平方千米，四周的铁丝网围栏高达3.7米，激光防护、压力垫及军犬一应俱全。从来没有犯人能从这里逃脱。

左图

阿拉木德娜公墓

40.419448°,−3.642749°

阿拉木德娜公墓,位于西班牙马德里,是世界上最大的公墓之一,约有500万块墓地,比马德里市的人口还要多。

左图

将军澳华人永远坟场
22.296861°，114.246999°

将军澳华人永远坟场，是香港无数墓地中的一个，由于土地资源稀缺，建造在山坡之上。20世纪80年代，土地的短缺迫使香港禁止修建新的永久性土葬坟场，所以这里一个私人墓地的价格高达3万美金。

交通之地
WHERE WE MOVE

"我们不应放弃探索，在所有探索的尽头，我们会回到起点，重新认识这个地方。"

——艾略特《小吉丁》

交通之地

P116—117

罗斯卡拉高莱斯山道
-32.851662°，-70.139966°

罗斯卡拉高莱斯山道，也被叫作"蜗牛之路"，它位于智利与阿根廷边界安第斯山脉的偏僻之处，曲折蜿蜒的道路一直爬升到海拔3 175米的高处，路边没有安全屏障，常常有大型卡车开过。

左图

大阪关西国际机场
135.239150°，34.433168°

大阪关西国际机场，位于日本大阪湾中部的一个人工岛上。为了建造这个岛屿用了2 100万立方米的砂土将海面填高了30米。截至2008年，关西机场的建设成本已经高达200亿美元，其中包括为了防止地面下沉（2008年的下沉速度是每年7.1厘米）土地复垦的费用。

"planet"（星球）这个英语单词来自希腊语"planētēs"，意思是"流浪者"。当地球在银河系中漫游时，我们也在不断运动着——通勤往来、游览各处、运输货物、不停探索。随着运输效率和速度的提高，地球，甚至银河系也变得越来越小，越来越容易通行。随着汽车、火车、飞机和船只这些交通工具数量的不断增加，运输已经不仅仅是日常生活的一部分，而是我们离不开的东西。

我们从太空中能够看到的交通地标主要是各种交通枢纽和交叉路口，人流在这里短暂交汇随即又各奔东西。在过去的几个世纪中，我们修建起了大量纵横交错的道路交通网，能让我们准确地到达我们想去的地方，我们所有旅程通常都会从这些大型汇聚点开始。

交通工具把我们带到新的地方，感受到新的文化，然而在这个过程中，我们也在地球上留下了人类的痕迹，并且带来了大量的碳排放。化石燃料驱动的运输系统和我们无止境增长的移动需求之间的矛盾最后会变成什么样子，大概只有时间能告诉我们答案。也许将来有一天，我们也会用同样的创新精神去发明新的交通方式，让地球变得更加健康。

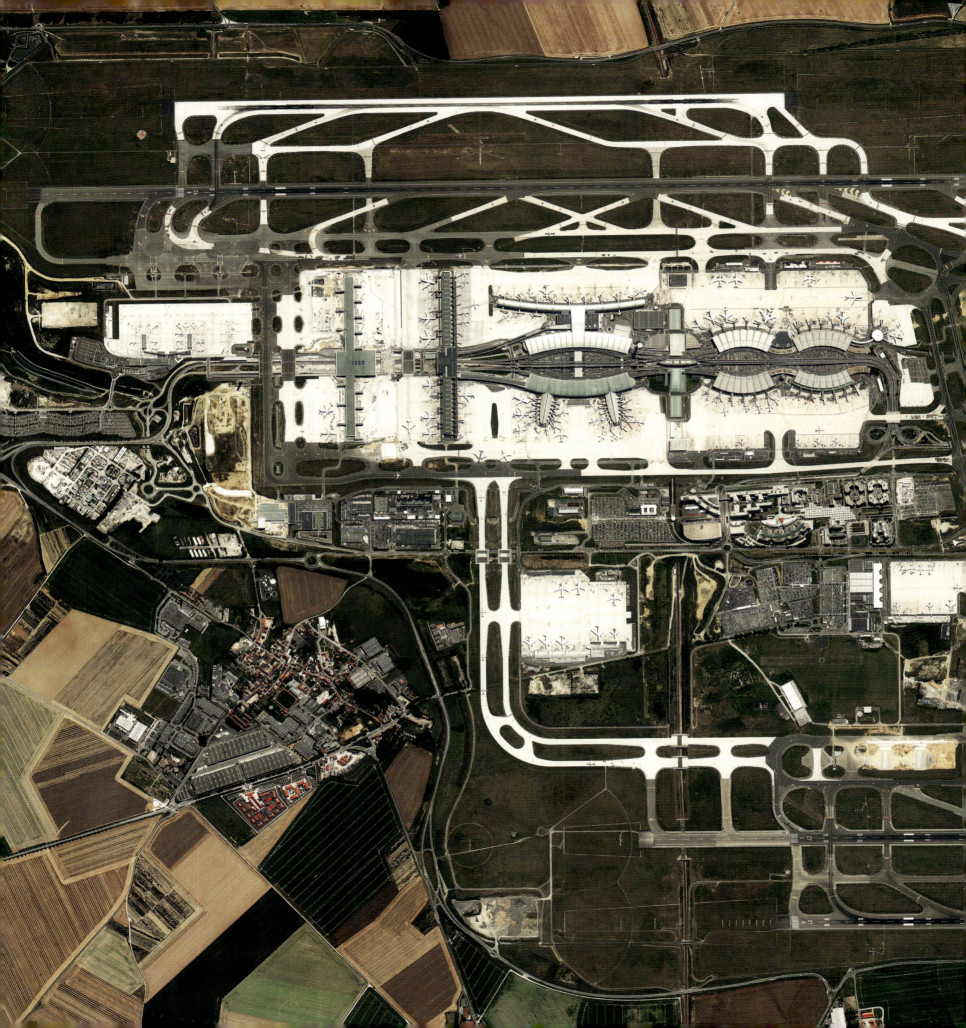

P120—121

查尔斯戴高乐国际机场
49.009725°，2.545583°

戴高乐机场是法国最大、最繁忙的机场，也是世界第九大机场，每年运送旅客超过6 500万人次。机场有三个航站楼，其中最显眼的圆形建筑是一号航站楼（图中中间偏右位置）；那个像章鱼一样的是机场的核心功能楼，由保罗·安德鲁设计，承担着如办理登机、领取行李等核心业务，该楼有七扇大门，通过地下人行通道连接着七座卫星楼。

上图

哈立德国王国际机场
24.958201°，46.700779°

哈立德国王国际机场，位于沙特阿拉伯首都利雅得。该机场由四座航站楼组成，停车场可容纳1.16万辆车辆，其中还有一个皇家航站楼，专门供贵宾和沙特王室成员使用，两条平行跑道长度都达到了4 260米。

右图

达拉斯–沃思堡国际机场
32.897590°，-97.040413°

达拉斯–沃思堡国际机场，位于美国得克萨斯州，占地面积为70平方千米，是世界上十大最繁忙的机场之一，每年客运量超过6 400万人次。

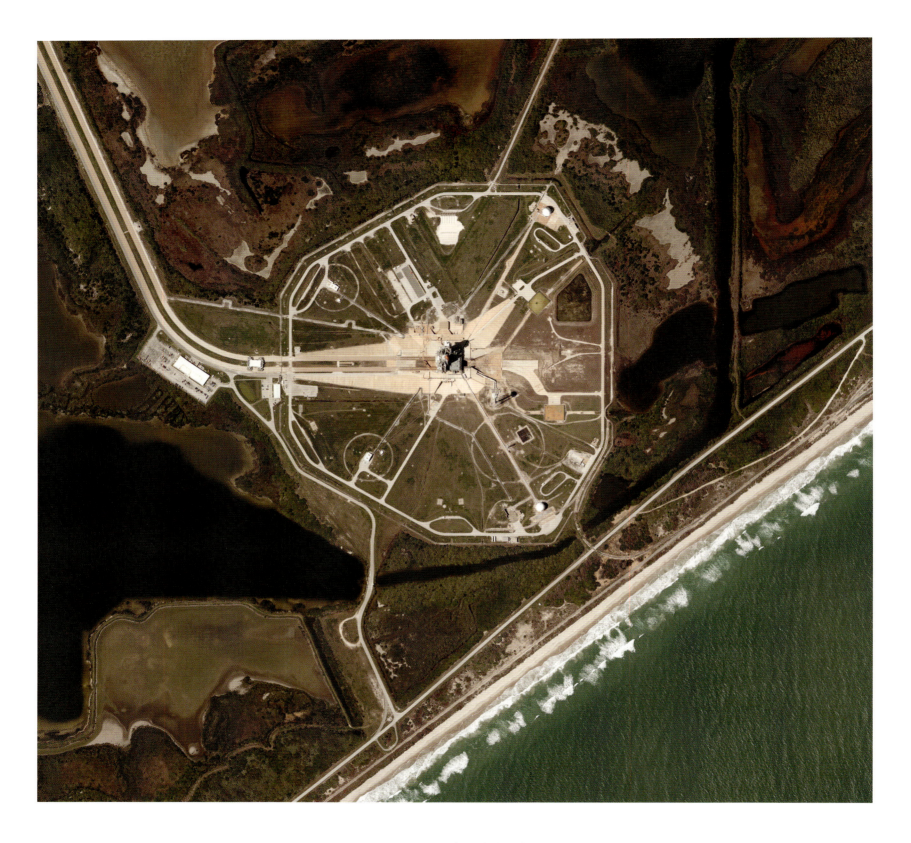

肯尼迪航天中心 28.607922°，−80.603835°

　　肯尼迪航天中心位于美国佛罗里达州的梅里特岛，也是大名鼎鼎的39A发射台所在地（图中中心位置可见）。39A发射台是NASA许多太空之旅任务的起点，其中就包括人类登月搭乘的第一艘航天飞船，阿波罗1号。

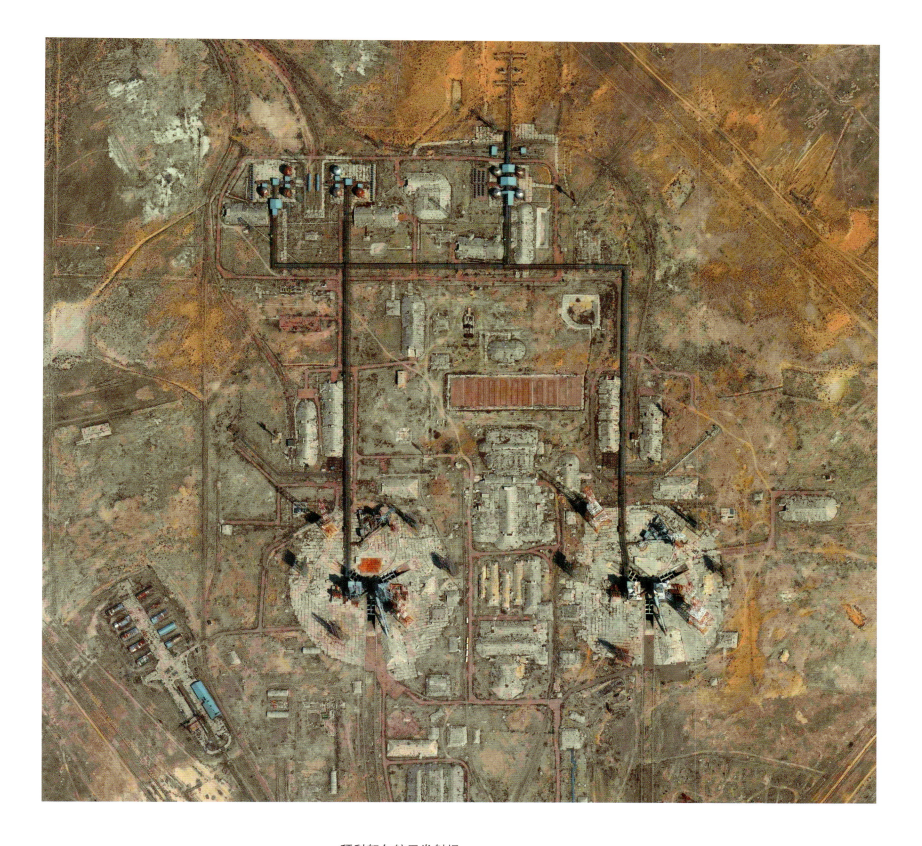

拜科努尔航天发射场 45.963775°, 63.307145°

　　拜科努尔航天发射场,位于哈萨克斯坦的拜科努尔,是世界上第一个也是最大的航天器发射场。它建造于20世纪50年代后期,是苏联建造的航天器发射场和导弹试验基地。人类历史上第一艘载人飞船"东方一号"和世界上第一颗人造地球卫星"卫星一号",都是在这里发射升空的。

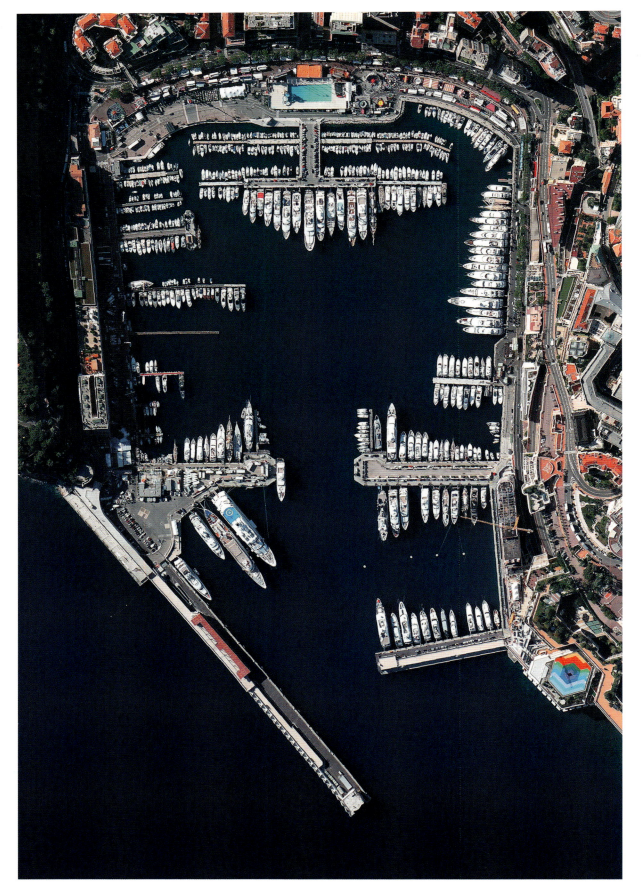

P126—127

新加坡港
1.237656°，103.806422°

正在等待进入新加坡港的货船和油轮，其中有些船只重达 30 万吨。新加坡港是世界第二大繁忙的港口，每年运送着世界 1/5 的集装箱和 1/2 的原油。

左图

赫库勒斯港
43.734829°，7.423993°

赫库勒斯港，是摩纳哥唯一的一个深水港，可供 700 多艘船只停泊。港口面积 2.02 平方千米，约占全国总面积的 8%。

右图

丹戎佩拉港
−7.181946°，112.717889°

印度尼西亚，泗水，货船正在通过丹戎佩拉港。为了保证大型集装箱船队能够安全通过，港口正在进行扩建和疏浚，要将水域加深到 16 米。该港口主要用于出口糖、烟草和咖啡。

P130—131

鹿特丹港

51.952790°,4.053669°

1962年到2002年间,在新加坡港(126—127页)和上海港投入使用之前,鹿特丹港一直是世界上最繁忙的港口,图中可见大量停靠着的集装箱货船,这些船只总重量达到30万吨,排列起来可长达366米。

右图

普罗格雷索港

21.323317,−89.672746

墨西哥的普罗格雷索港口拥有世界上最长的码头,码头长6.5千米,一直延绵至墨西哥湾。这里的海滩位于石灰岩暗礁之上,越靠近海湾位置越下沉,所以需要建造很长的码头才能让船只停靠在这里。

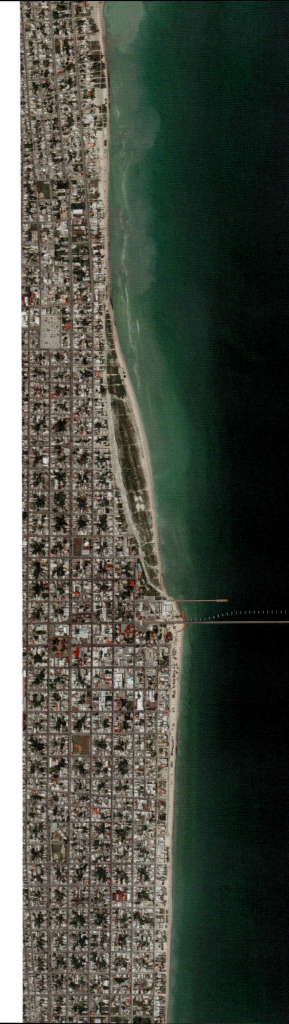

左上图

迪拜，阿拉伯联合酋长国 25.055363°，55.248780°

阿拉伯联合酋长国，迪拜，奇迹花园附近漩涡状立交桥连接着三条高速公路，其中一条是12车道的高速路。

左下图

美国，佛罗里达州，杰克逊维尔 30.253048°，−81.516204°

美国，佛罗里达州，杰克逊维尔市的漩涡状立交桥连接着两条高速公路，这里由数条围绕着中心交通立体枢纽延伸出去的左转弯匝道组成，由此形成了螺旋状的右舵交通模型。

右上图

美国，加利福尼亚州，洛杉矶 33.928700°，−118.281000°

"法官哈利·普雷格森"立交桥位于美国加利福尼亚州洛杉矶，整座桥分为五层，高度超过40米。

右下图

马德里，西班牙 40.360051°，−3.564548°

图中是位于西班牙马德里东南部的一个十字路口，两条高速公路在此处交汇。

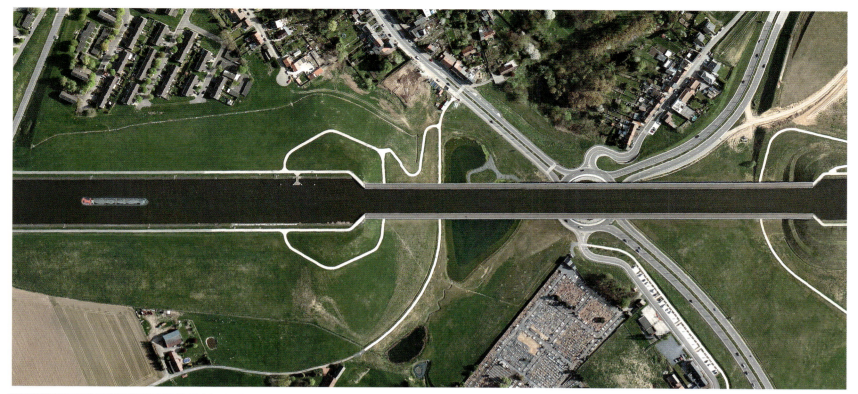

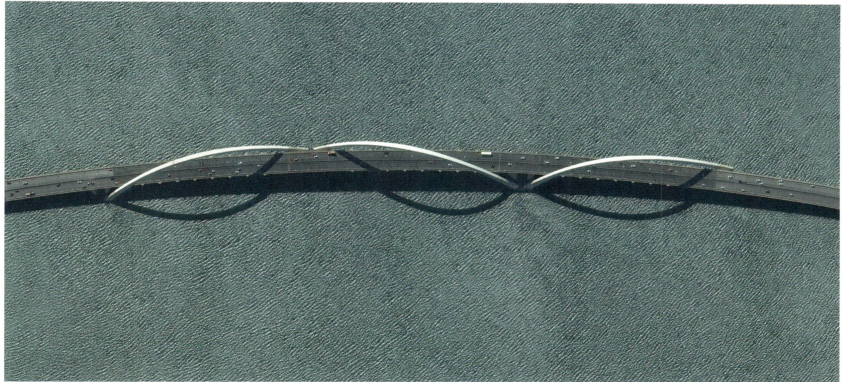

上图

庞杜加德引水高架渠
50.493441°，4.137351°

一艘驳船正在接近庞杜加德引水高架渠，这条水渠位于比利时乌当乔治涅斯附近，横跨 N55 和 N535 公路，是一条可以通航的水桥。该高架渠重达 6.5 万吨，由 28 根直径 3 米的混凝土柱子支撑。

下图

巴西JK总统大桥
−15.822856°，−47.830000°

巴西JK总统大桥，又名儒塞利诺库比契克大桥，是一座横跨巴西利亚帕拉诺阿湖的钢筋混凝土桥。主跨结构由四根水下的桥墩支撑，桥面重量由对角交错排列的三跨不对称钢拱支撑，每根钢拱高 61 米。

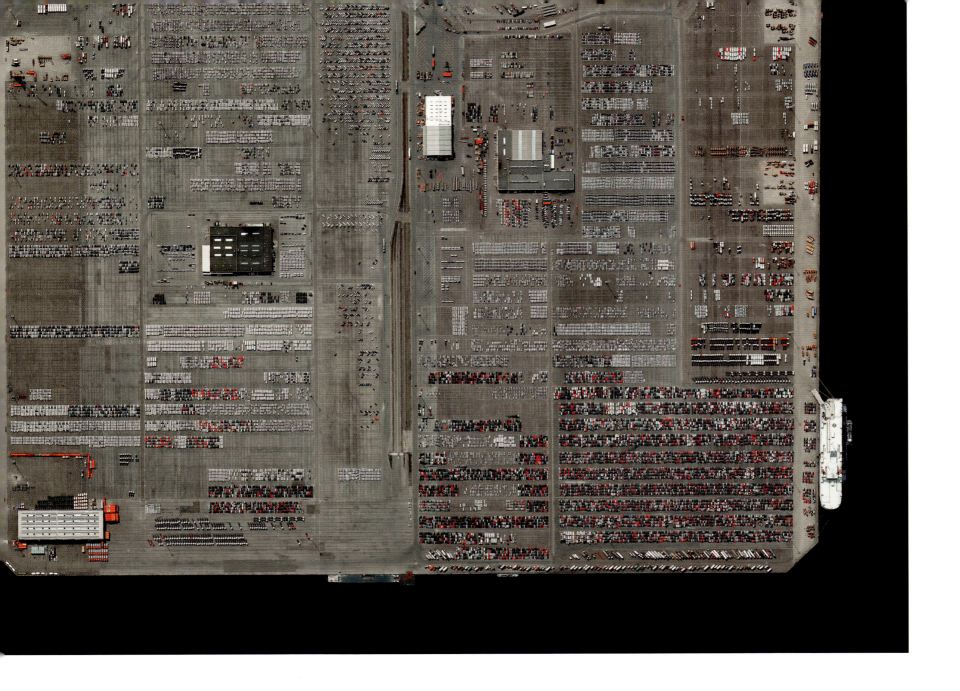

上图

安特卫普港

51.269956°，4.228182°

比利时，安特卫普港，汽车和半挂卡车正在进行卸货和装船，该港口每年大概可以运输120万辆汽车。

右图·左

奥黑尔国际机场停车场

41.987794°，-87.881963°

奥黑尔国际机场位于美国伊利诺斯州芝加哥市，该机场拥有一个巨大的停车场。据估计，仅在美国，就有超过5亿个停车位。

右图·右

校车装配厂

36.189292°，-95.875041°

图中是位于美国俄克拉荷马州塔尔萨的一个校车装配厂，该工厂平均每天可生产50~75辆校车。美国校车标准尺寸是13.7米长，载客量90人。

P138—139

金门大桥

37.818672°，-122.478708°

金门大桥，位于美国加利福尼亚州旧金山市，长2.7千米，是一座横跨金门海峡（旧金山湾和太平洋之间的通道）的吊桥。金门大桥的标志性颜色被称为"国际橘"，与周围环境互补，并提高了其自身在大雾天气时的能见度。

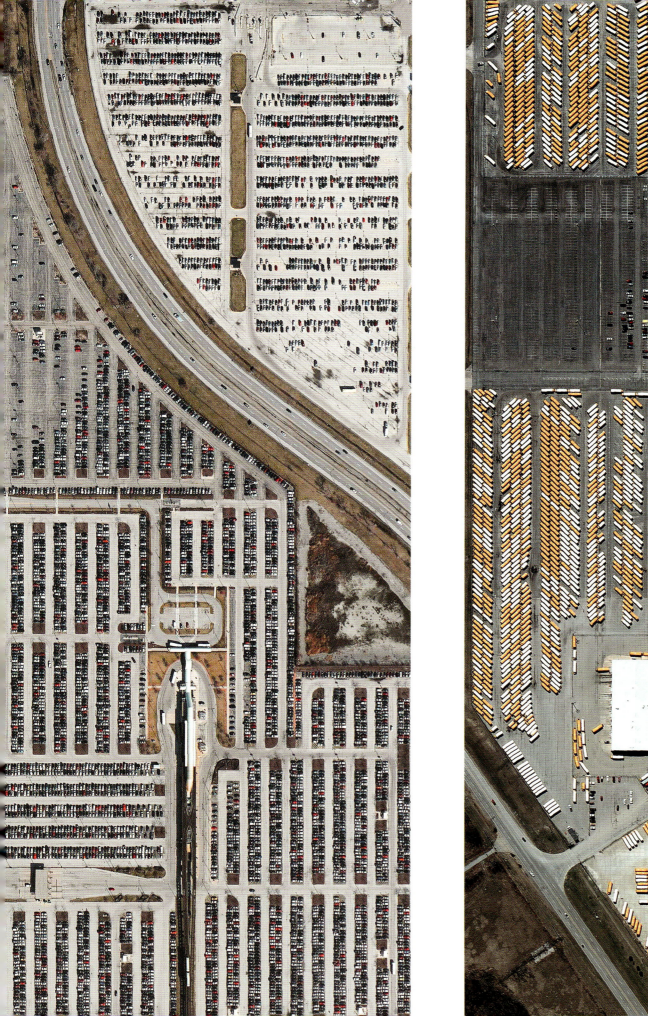

P140

纳尔多圆环

40.327222°，17.826111°

纳尔多圆环位于意大利纳尔多，是一条长 12.6 千米的圆形高速试车跑道。圆环由四条跑道组成，每条跑道都有一个确定的"中性速度"，人们驾驶在上面的时候，会感觉道路是笔直的。

P141

斯泰尔维奥公路

46.528611°，10.452777°

斯泰尔维奥公路，位于意大利北部的东阿尔卑斯山，是世界上海拔最高的公路，海拔 2 757 米。只有在夏季的几个月中，这条路才具备通行条件，沿途 75 个急转弯也让这个地方成为著名的环意自行车赛的举办地。

右图

海峡隧道——法国入口处

50.917395°，1.809391°

法国，加来，海峡隧道，图中左上角隧道入口处可以看见汽车装载活动梯和卡车。隧道长 50.5 千米，其中有 37.9 千米都在海底，也是世界上最长的海底隧道。工程始建于 1988 年，1994 年竣工，耗资约 80 亿美元。

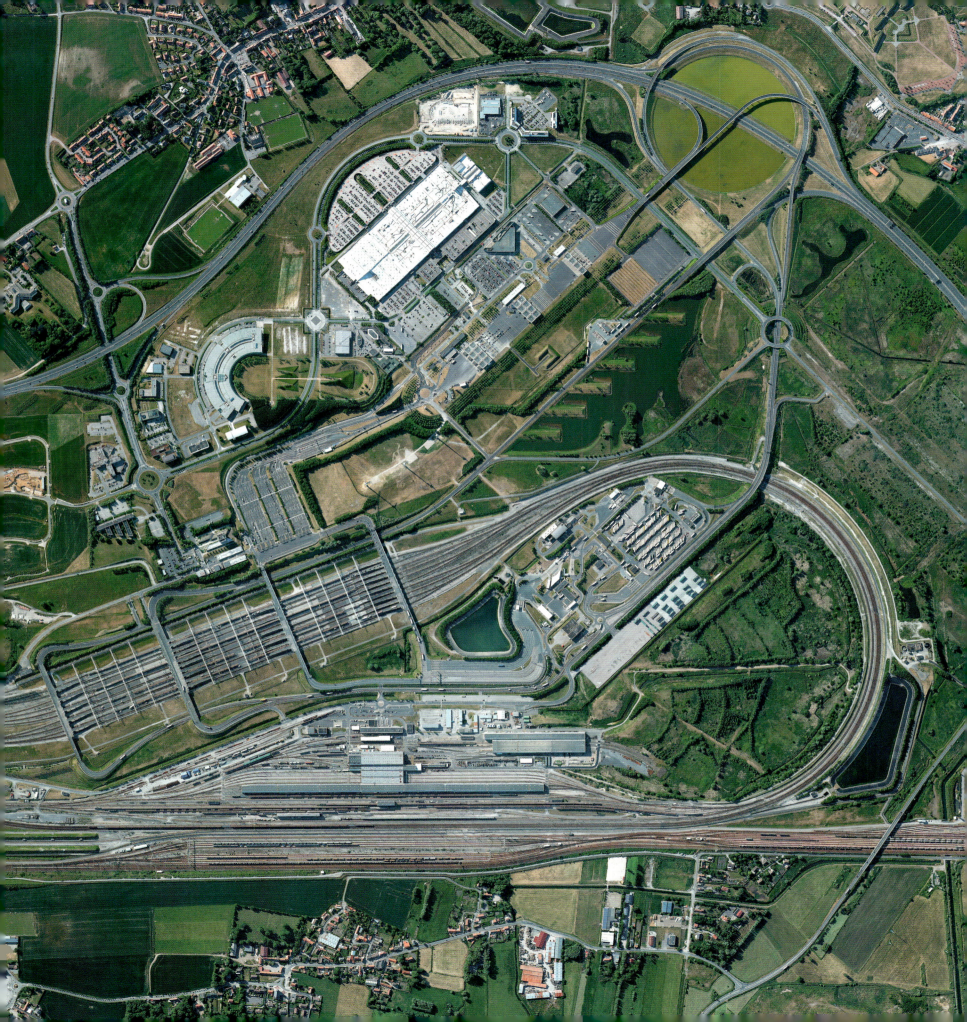

马德里阿托查火车站 40.405419°，-3.689601°

　　西班牙的阿托查火车站是马德里最大的火车站。这里是从南方开来的通勤、城际、区间列车以及 AVE 高速列车的枢纽站。1992 年，车站原来的航站楼被改建成了广场，广场包括商铺、夜总会和一个 4 000 平方米的热带植物园。

北京南站 39.864688°，116.378734°

  北京南站是中国首都北京最大的火车站，共设置有 24 个站台，发送旅客能力可达到每小时 3 万人，每年 2.4192 亿人。该站也是去往天津和上海的高铁列车的终点站，高铁列车速度可达到 350 千米 / 小时。

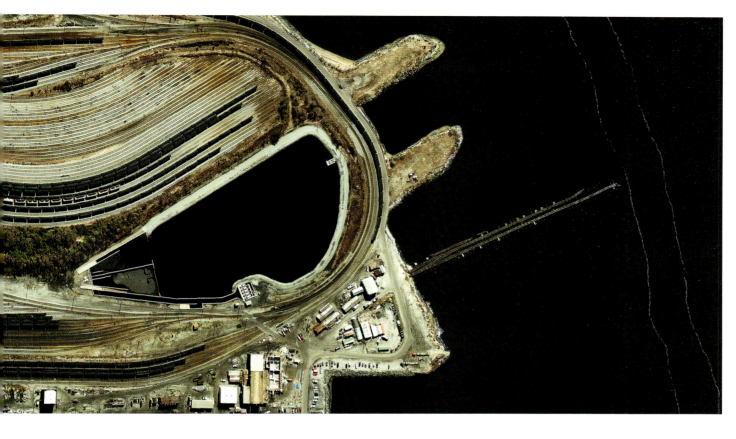

左图

兰伯特6号码头

36.875248°，-76.320259°

满载着煤炭的火车停驻在美国弗吉尼亚州诺福克的兰伯特6号码头，这里是北半球最大的煤运输站，可供2.3万辆运煤车停驻。

左图

罗斯维尔车站

38.720556°，-121.316111°

罗斯维尔车站位于美国加利福尼亚州首府萨克拉门托的北部，是美国西海岸最大的铁路设施，为美国北部大约98%的轨道交通提供服务。

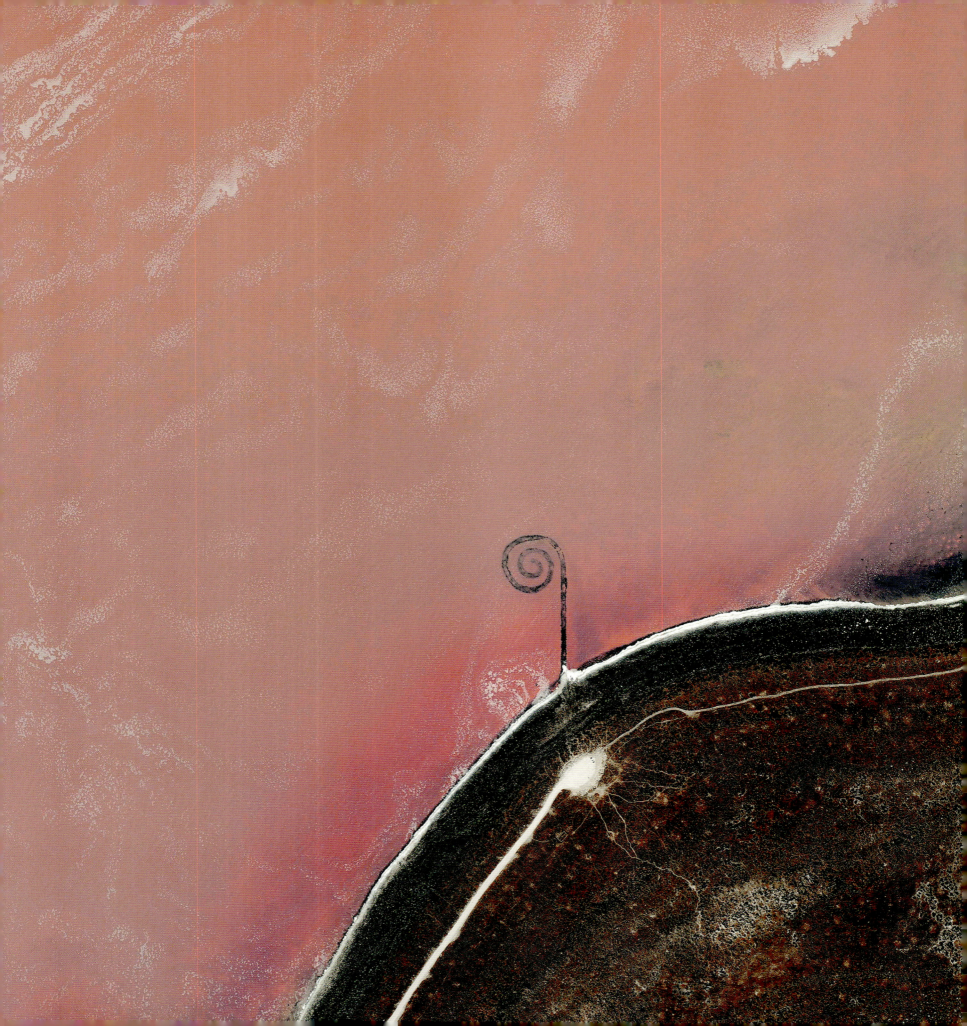

规划之地
WHERE WE DESIGN

"你可以设计、创造并且建造令世人称奇的人间仙境,可是,这些梦想需要人的努力才能成真。"

——沃尔特·迪斯尼

规划之地

P148—149
螺旋形防波堤
41.437932°,−112.668929°

螺旋形防波堤,位于美国犹他州大盐湖东北部海岸,是罗伯特·史密森设计的一个大地雕塑艺术,长460米,宽4.6米,逆时针盘绕在海岸之上。史密森之所以会选在这个地方,据说是因为这里的海水颜色明快鲜艳(这里海水含盐度27%,耐盐菌和藻类得以茁壮生长),和古代地球海洋的环境十分类似。

左图
凯旋门
48.873803°,2.292806°

凯旋门,位于法国巴黎,12条大道从凯旋门广场辐射延伸出去。凯旋门在建造的时候,由于拿破仑退位等诸多原因,工期一再延迟,最终耗时近30年才竣工。要想看凯旋门在巴黎整个城市规划中的样子,请翻到164—165页。

也许有人会质疑说,书中图片展现出来的几乎都是人类设计的景观,但是,为了艺术或设计感而进行的规划才更需要我们特别去关注,不是吗?在本章中,我们将去探索那些人类创造出的壮观美景,包括从实用角度出发的如建筑和城市规划,以及专注审美性的大地艺术和花园等。先不去考虑这些设计的预期用途是什么,只需专心欣赏庞大景观中体现出来的令人惊叹的人类智慧。

本章的焦点将对准城市规划。以总观的视角看城市,会加深我们对城市的了解。随着人口的不断增加,城市的生活和设计将成为这个拥挤星球上一个日益重要的问题。城市生活将成为我们更多人的生活常态,城市的基础设施也必须适应新情况来为居民服务。仅仅在中国,政府就已经着手计划在未来10到13年中,把2.5亿农村居民转移到大城市中去,如果这个计划真的能够实现,那么在2025年的时候,中国城市人口将达到9亿。

总观的角度为我们提供了一个极好的范例,从太空的视角可以看到一个城市的特定布局是如何决定社会互动的,也能看到人类和交通工具是如何在这些设计中上下穿行的。未来城市设计需要聪明才智去解决迫在眉睫的人口问题。说到这里,也许回顾过去的历程才是迎接未来的最好方式。

左图

吉萨金字塔

29.976115°，31.130583°

吉萨大金字塔位于埃及开罗市郊，是当地规模最大的建筑。它建造于公元前2580年，是古代世界七大奇迹中最古老的，也是唯一一个保存相对完好的建筑。据估计，整个金字塔用了230万块石头修建，每块石头重量从2吨到30吨不等，塔高147米，建成后3800多年间，一直是世界上最高的建筑体。

右图

吴哥窟

13.412505°，103.864472°

吴哥窟是位于柬埔寨的一座寺庙建筑群，也是世界上最大的宗教纪念碑（首先是印度教，其次是佛教）。它建造于公元12世纪，占地82万平方米，护城河和森林环绕着庙宇中心，与四周景色相映成趣。

右图

紫禁城

39.914726°，116.388361°

中国，北京，紫禁城。100 余万名工人历时 14 年建造（1406 年至 1420 年）而成，共有 9 999 个房间，四周环绕 10 米高的城墙和 52 米宽的护城河。

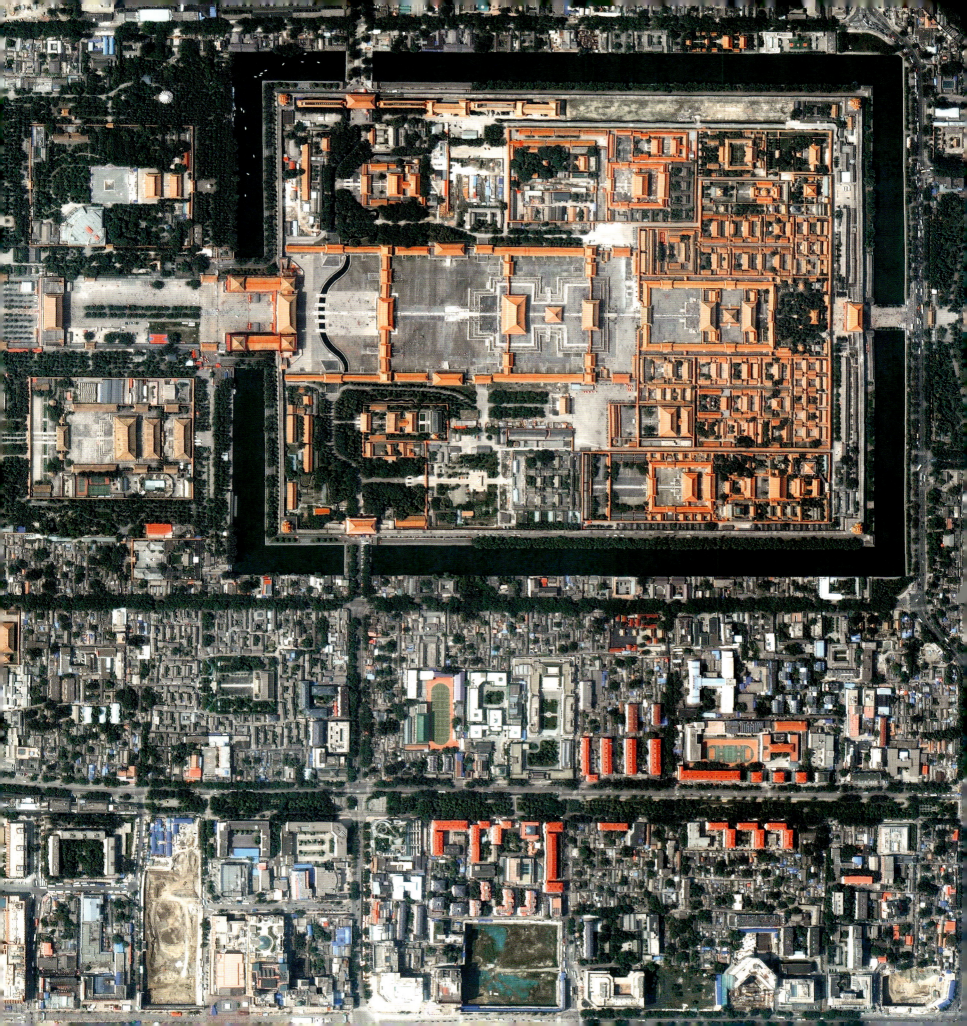

圣彼得大教堂 41.902170°，12.451742°

圣彼得大教堂，位于意大利罗马的梵蒂冈城，被认为是天主教的圣地之一，也是天主教最伟大的教堂之一，始建于1506年，于1626年竣工。

麦加大清真寺　21.423083°，39.824556°

　　麦加大清真寺，位于沙特阿拉伯圣地麦加，是世界上规模最大的清真寺。清真寺院内中心有一座高13米的花岗岩材质的长方体建筑，这是寺内的圣堂。在朝圣期间，朝圣者们会聚集围绕在圣堂四周进行祷告（图中中心位置）。无论穆斯林身处世界何地，他们都会朝着圣堂所在的方向进行祷告。

P158—159

阿姆斯特丹

52.370987°，4.891850°

阿姆斯特丹的运河系统，被称为"荷兰运河"，是有计划地进行城市规划的产物。20 世纪 70 年代初，阿姆斯特丹迎来了移民高峰，为了实施城市扩张计划，修建了四条同心的半环形运河（图中上方可见）。几个世纪以来，运河主要被用来进行防御、运输，以及水资源管理，直到今天，它们仍是这个城市的标志。

右图

圣米歇尔山

48.635150°，-1.513003°

圣米歇尔山距离法国诺曼底海岸 1 千米，是天主教朝圣地。在过去的 600 年中，这里是著名的修道院（只在枯潮时才对圣徒开放），在英法战争期间，成为抵御英军的军事要塞，同时也是一所监狱。

左图

帕尔马诺瓦

45.905246°，13.308300°

帕尔马诺瓦镇，是位于意大利的一处星形城堡（可参见布尔坦赫城的说明），外面围绕着三个环形，分别建造于1593年、1690年和1813年。

上图

布尔坦赫城

53.006603°，7.189806°

布尔坦赫城位于荷兰，修建于1953年，是一座星形要塞。无论哪一面城墙受到攻击，守城人都可以从墙体两侧凸出的星角处对敌人进行背后袭击。现在，这里有430位居民，它就像是一座露天博物馆。

P164—165

巴黎

48.865797°，2.330882°

法国巴黎中心区街道平面图。之所以会呈现出如此独特的外观，很大程度上要归功于1853年到1870年这段时间进行的大规模城市改造项目——这是由拿破仑三世委托乔治·欧仁·奥斯曼来实施的。奥斯曼拆除了拥挤不堪的中世纪街区，修建了斜线形的宽阔街道、公园、广场、下水道、喷泉与引水渠。

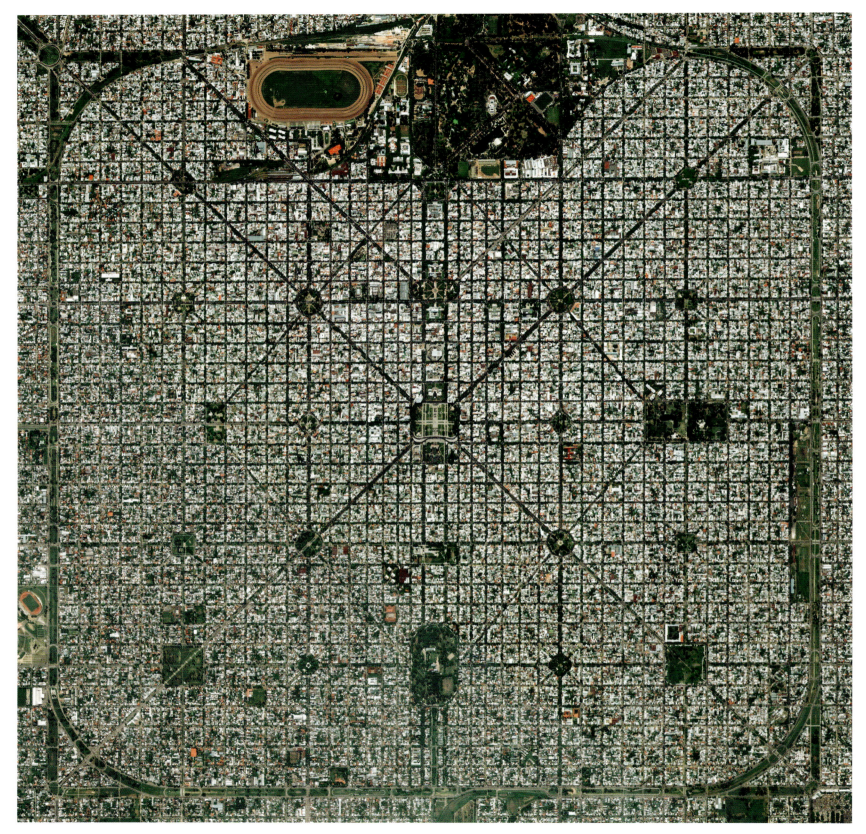

上图

拉普拉塔 −34.921106°，−57.956633°

拉普拉塔，是阿根廷的布宜诺斯艾利斯省省会，这是一座规划而成的城市，整座城市构造以严谨的棋盘式布局闻名，在 1889 年巴黎世界博览会上获得"未来城市"和"最佳性能城市"两枚金牌。

右图

巴西利亚 −15.798883°，−47.868855°

巴西利亚建城于 1960 年，当时，巴西为了把首都放在更靠近国土中心位置的城市，把首都从当时的里约热内卢迁到了巴西利亚。从空中俯瞰，整个城市好像一架飞机的形状，这种城市规划是由卢西奥·科斯塔提出，由著名建筑师奥斯卡·尼米叶尔主持建造而成。

P168—169

巴塞罗那扩展区
41.393648°, 2.160437°

西班牙, 巴塞罗那扩展区, 以其极为规整的网格状街区和拥有公共庭院的公寓而闻名。如此缜密而富有远见的设计出自伊尔德方斯·塞尔达（1815—1876）之手, 八边形街区则是其规划的突出特点, 这种形状的街区不但能够充分保证通风和采光、提供更好的视野, 也可以腾出短暂停车的空间。

右图

新德里
28.613219°, 77.223931°

印度, 新德里市, 1931年2月正式宣告成立, 设计者是英国的两位建筑师埃德温·鲁琴斯和赫伯特·贝克, 整座城市设计以国王大道和占帕街两处步行街为中心——图中心的位置就是这两条街道的垂直交叉点。

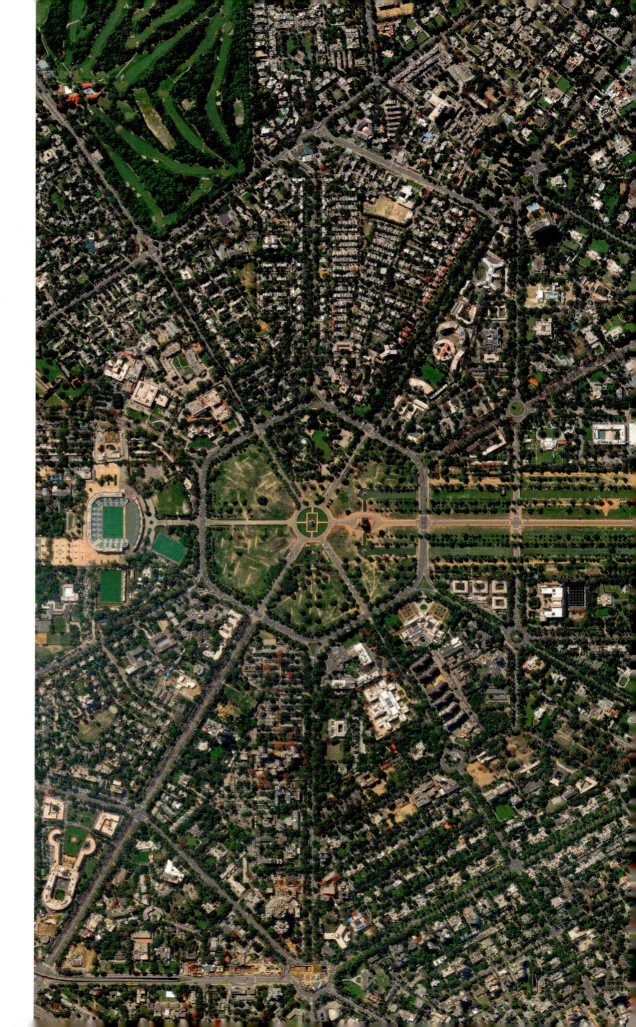

左图

堪培拉议会大厦
-35.308219°,149.122203°

　　澳大利亚,堪培拉议会大厦,为了修建它,移平了国会山的上半部分（大厦就是建在这座山上面的）。工程竣工后,大部分的土又被回填以修建草坡,现在那里草坪生长得郁郁葱葱。大厦于1988年投入使用,整座建筑结构设计非常复杂,鸟瞰就像两个回旋飞盘,共包含约4 400间客房。

上图

伊甸园项目
50.361947°,-4.746910°

　　伊甸园项目位于英国康沃尔郡,于2001年对外开放,其核心部分是两个巨大的蓝色生物群落区,穹顶由数百个六边形和五边形的充气塑料气泡组成,下面用钢管支撑。其中第一个生物群落是模拟热带环境设计的,另一个里面种植着地中海气候的特定物种。

左图

凡尔赛宫花园
48.804407°，2.120973°

凡尔赛宫花园，位于距离巴黎19千米处的凡尔赛宫后面，占地面积8平方千米，是法国古典园林风格的杰出代表，其中还有一处面积巨大的中心水池，1 500米宽，62米长，被称为大运河，这里除了可以作为游船聚会的场所之外，还能够将高处喷泉喷出的水收集起来，通过水泵进行循环利用。

左图·左

大地艺术——《城市》
38.030004°，-115.438299°

《城市》位于美国内华达州的加登瓦利，是一处由迈克尔·海泽设计的大地艺术雕塑，从1972年开始建造，工程至今仍在继续。这处作品占地约2千米长，0.4千米宽，是有史以来最大的雕塑之一。作品试图将历史遗迹、极简主义以及工业技术结合起来，分为五个阶段，每个阶段都包括大量的结构体，因此也被称为"建筑群"。

左图·右

吉他森林
-33.868242°，-63.986306°

在阿根廷拉布莱市郊外，有一片长度超过1千米的吉他形状的森林。很多年前，当地有一对名叫佩德罗·乌雷塔和格拉谢拉·伊莱索丝的夫妻，他们曾经设想过要种植一片这样的森林，然而妻子格拉谢拉却不幸离世。为了纪念她，丈夫佩德罗和他们的四个孩子种植了7 000棵柏树（琴身部分）和桉树（琴弦部分），而吉他是妻子生前最爱的乐器。

上图

《希望》
54.607263°，-5.911726°

《希望》是一处大地艺术作品，占地面积4.5平方米，位于北爱尔兰贝尔法斯特，由艺术家豪尔赫·罗德里格兹·赫拉达创作而成，作品表达的是年轻人对未来的向往。

嬉戏之地
WHERE WE PLAY

"人不是因为变老而放弃玩耍;而是因为放弃玩耍才变老。"

——奥利弗·温德尔·霍姆斯

嬉戏之地

当我们身处可以玩耍的地方,当我们沉醉于美景当中奔跑、游泳、比赛,或者干脆放空享受宁静时,都是我们感到最自由的时刻。我们也一直在寻找这样的地方,留下最美好的回忆。本章中就汇集了这样一些供人类玩耍消遣的建筑、公园和其他场所。

值得一提的是,从如此遥远的角度看下去,也许很难分辨出其中人类玩耍的影踪,但看着这些图片,仍会让我们感到愉悦,这是一种人类熟悉的欲望,我们想在这样的地方居住,哪怕只是一阵子。通过欣赏这些地点在周遭大环境中的样子——城市中心的球场,规模庞大的游乐场,绵长而拥挤的海滩——我们也许能够更深刻地理解人们在创造时的强大而普遍的价值观。

和之前的章节内容一样,本章中的图片所展现的也都是人造景观,尽管这些图中的景观充满新奇、规模壮观,但它们都是倾听了人类最自然原始的精神而建造出来的,我们也从中获取了无限乐趣。然而,我们也绝不能忘记,那些纯自然的、未经改造过的世界才能给我们真正的快乐。在最后一章——"自然之地"中,我们会更深入地探讨这个主题。

P178—179
波拉波拉岛度假村
−16.473094°, −151.707874°

法属玻利尼西亚,波拉波拉岛。一排排的度假小屋修建在环岛的珊瑚礁之上。该岛的经济收入主要来自于入住水中度假屋的游客。

左图
"法拉利世界"
24.483415°, 54.605309°

"法拉利世界",坐落在阿拉伯联合酋长国阿布扎比亚斯岛,占地面积8.6万平方米,是世界上最大的综合性室内主题公园,其中的"罗萨方程式"是世界上速度最快的过山车。

左图

邦迪海滩

-33.891106,151.275583

邦迪海滩,位于澳大利亚悉尼市,是这里最受欢迎的旅游景点之一,这片海滩得名于当地原住民语言"邦迪",意思是冲破岩石的波浪。

右图

雪邦黄金海岸度假村

2.598436°,101.683152°

　　雪邦黄金海岸度假村是位于马来西亚雪兰莪州的一家酒店,这里最有名的是排成棕榈树形状的海上度假屋。

左图

伊帕内玛海滩

-22.983606°，-43.206638°

伊帕内玛海滩，位于巴西里约热内卢的南部地区。是世界上最美丽的海滩之一。海滩被救生塔划分为数段。

右图

圣阿方索德尔度假村

-33.350133°，-71.653226°

位于智利阿尔加罗沃的圣阿方索德尔度假村，拥有世界上最大的游泳池，长度超过1 000米，水容量约为2.5亿升，泳池的维护费，每年需要400万美元。

P186—187

阿斯彭滑雪场 39.189971°，-106.957611°

阿斯彭滑雪场，位于美国科罗拉多州，是阿斯彭冬季度假胜地之一，这里的雪场总面积大约4.09万平方千米，其中最长的雪道长5.6千米。

上图

"火人节" 40.786981°，-119.204379°

"火人节"的举办地是美国内华达州黑岩沙漠，一年一度，为期8天，每年吸引超过6.5万人参加，其基本宗旨是提倡社区观念、艺术、个性、时尚，以及自力更生的精神，其核心原则是"不留痕迹"——意思是节日结束后，要努力确保沙漠恢复成它原本的样子。

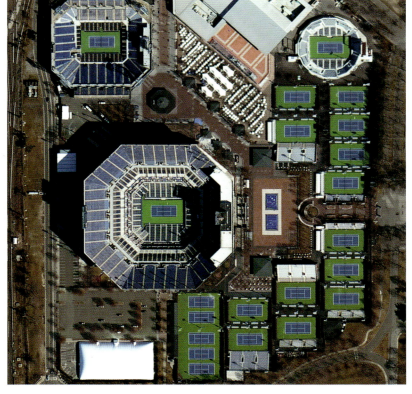

上图·左

堪萨斯市体育场

39.050359°，−94.482511°

箭头体育场和考夫曼体育场是堪萨斯城酋长队（美式足球）和堪萨斯市皇家队（棒球）的主场，这两个场馆可容纳观众114 319人。

上图·右上

范胡文贝格山奥林匹克雪橇竞赛滑道

44.214409°，−73.925450°

范胡文贝格山奥林匹克雪橇竞赛滑道，位于美国纽约州普莱西德湖村，是普莱西德湖冬季奥林匹克运动会时的雪车、无舵雪橇、俯式冰橇的比赛场地，曾在1932年和1980年两届冬奥会中投入使用。

上图·右下

比利·简·金国家网球中心

40.749535°，−73.846886°

比利·简·金国家网球中心位于美国纽约，美国网球公开赛每年都会在这里举办，这里共有22个网球场，其中最大的亚瑟阿什网球场可容纳23 200名观众。

左图

保罗-里卡德赛道

43.251140°，5.790250°

保罗-里卡德赛道，是一条位于法国马赛附近的赛车道，以其独特设置的蓝色缓冲区而闻名，此外，在更远的位置还设置了红色缓冲区，铺设的材料更加粗糙，能最大限度地提高轮胎的抓地力，缩短刹车距离。

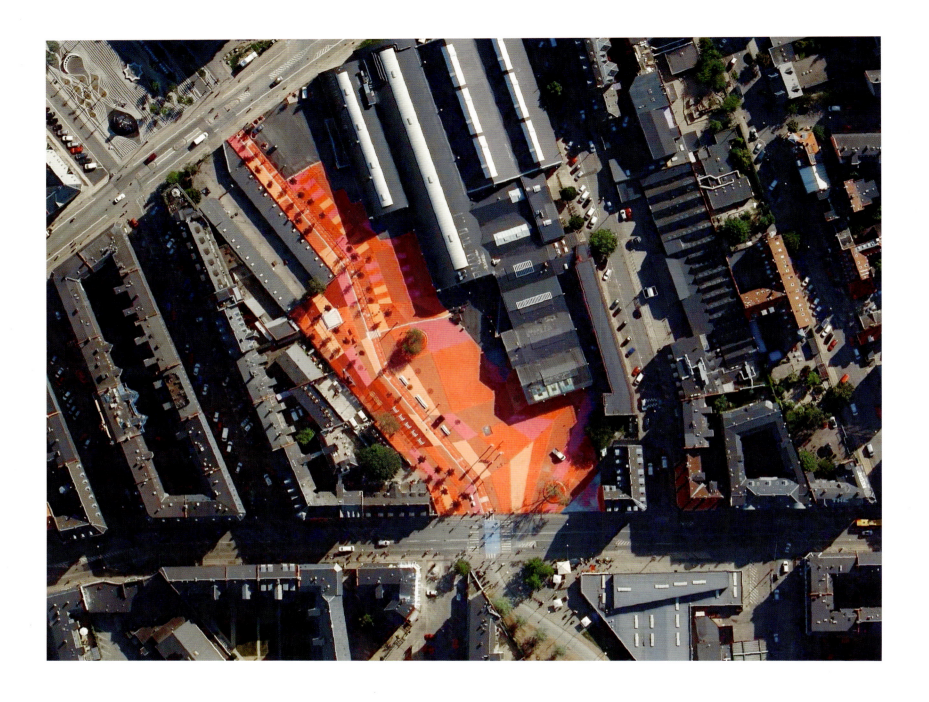

P192—193

格拉斯顿伯里音乐节
51.152237°，-2.699307°

格拉斯顿伯里音乐节每年都会在英国皮尔顿举办，为期五天的音乐节会吸引超过 13.5 万名观众前来，主办方会在会场为歌迷提供露营地，但他们需要自带帐篷——这张图片中一个个鲜艳的小圆点就是帐篷。而在一年中其他的 360 天，皮尔顿的人口仅有 998 人。

上图

超级线性公园
55.699733°，12.541789°

超级线性公园，位于丹麦哥本哈根市中心北部的北桥区，其缤纷的色彩意在表达全球多样性的概念，该项目的核心就是要打造一个巨型的城市博览会，汇聚了来自全球 50 多个国家的思想文化成果和艺术品。

右图

冯德尔公园
52.358003°，4.865806°

冯德尔公园位于荷兰阿姆斯特丹，每年吸引着超过 1 000 万的游客，除了有大片的绿地和池塘外，其中还包括一个露天剧场、各种雕塑、体育及娱乐设施。

P196—197

中央公园
40.782997°，-73.966741°

美国纽约中央公园占地面积3.41万平方千米，占整个曼哈顿岛面积的6%。其中最具影响力的设计是为行人、自行车、骑马、汽车分别设置的动静分离的流线体系。公园里面有许多网球场、棒球场、溜冰场和游泳池。这里也是纽约马拉松赛和铁人三项赛的终点。

伦敦眼
51.503184，-0.119509

在英国伦敦泰晤士河河畔，伫立着一座巨大的摩天轮，这就是著名的伦敦眼，这里每年可接待375万名游客。作为世界第四高的摩天轮，它高135米，直径120米，共设有32个乘客舱，每个舱最多可容纳25人，在摩天轮转动时，人们可以在舱中自由活动。

布莱顿码头
50.816392°，-0.139416°

布莱顿码头，也被称为皇宫码头，建在英国布莱顿市海边。码头绵延524米，一直延伸到英吉利海峡中，这里还设有许多游乐设施，比如游乐场和过山车等。

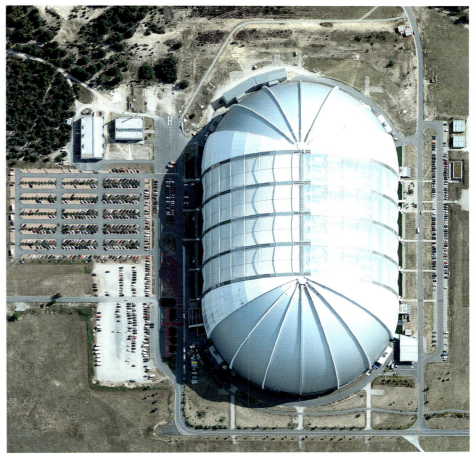

纹绣水上乐园

39.039177°，125.780009°

纹绣水上乐园位于朝鲜平壤，是一座国营的水上乐园，其中设有水滑道、室内和室外游泳池、各种运动场地和攀岩墙。

热带岛屿度假村

52.038927°，13.746420°

热带岛屿度假村是位于德国勃兰登堡州的热带主题公园。这里有一座世界上最大的无柱承重大厅（550万立方米），最开始的设计用途是飞机库。热带岛屿度假村全天24小时开放，全年无休，这里有世界上最大的室内雨林、海滩、游泳池和数条水滑道。

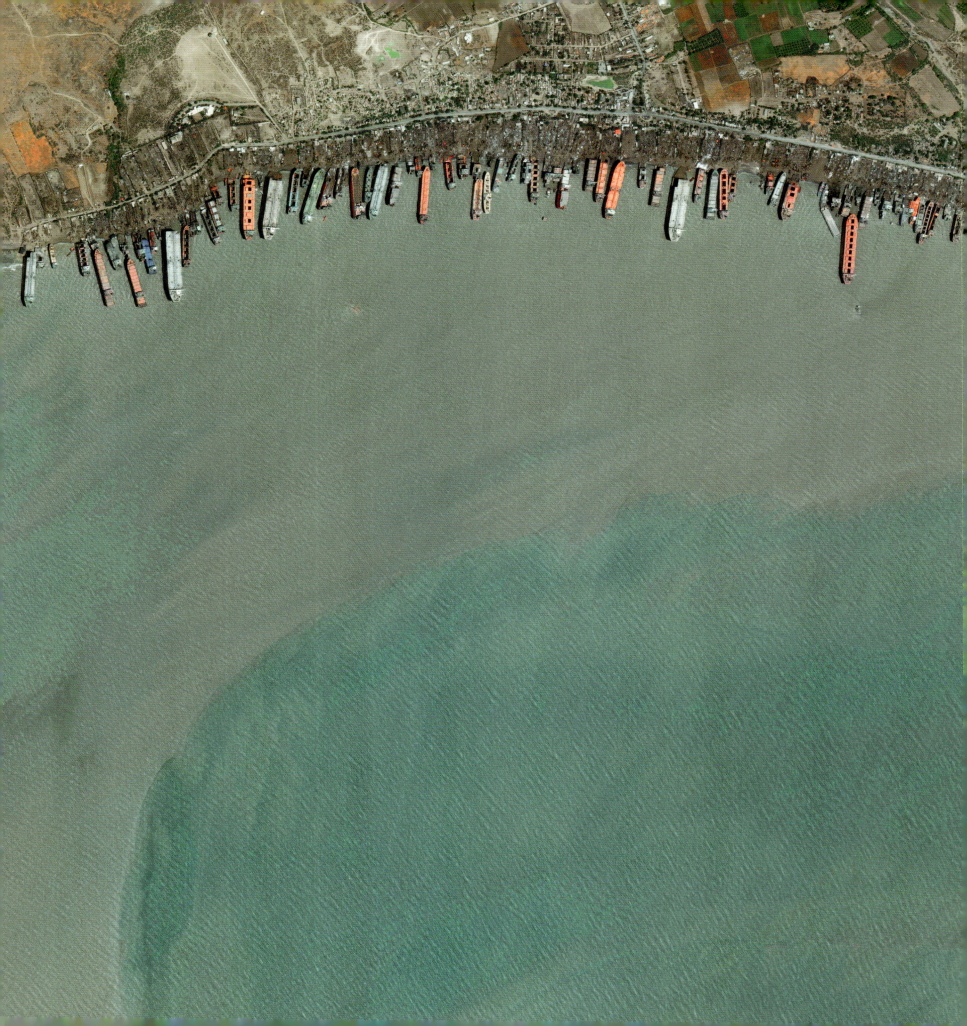

废弃之地
WHERE WE WASTE

"我们越富足、文化程度越高，丢弃的东西也就越多。"

——亚当·明特
《废物星球：从中国到世界的天价垃圾贸易之旅》

P200—201

阿兰港拆船厂
21.406714°，72.193885°

阿兰港拆船厂，位于印度阿兰阿拉伯海上，全世界打捞上来的船只，几乎有一半都在这里完成拆解。有史以来最长的船只"海上巨人号"（长约458.5米），2009年就是在这里报废的。如果想要了解更多关于拆船地的问题，请翻到220页。

左图

铁矿尾矿池
46.407676°，-87.530954°

尾矿是采矿过程中生产出来的副产品，简单来说，就是废品。这里看到的尾矿正在被倒入美国密歇根州内加尼的蒂尔登铁矿旁的水坑，在尾矿池中，尾矿会和水混合产生泥浆，再通过磁分离室提取可用矿石，以增加矿产量。这张图片显示的地区跨度大约2.5平方千米。

废弃之地

每个人对废品的定义都不一样，在本书中，我们把废品看成是被丢掉、废弃的东西，或者简单来讲，就是从我们生活中产生的废物。这一章的内容想要提醒读者，现代人类文明进程永不会结束，我们不断产生的废物需要巨大努力来进行清理。

我们从太空可以看到的废品的地方，主要是废品收集的场所。本章中所展示的是采矿的副产品、大规模交通运输系统产生的报废车辆，或者现代化大城市中的基础设施。通过观察这些事物，我们能更清晰地了解到底为什么我们社会能运转得如此干净整洁。同样值得注意的是，这些场所大部分都位于远离我们日常生活的地方，比如沙漠中心、城市以外，甚至是我们为此而专门修建出来的单独的岛屿。

也许就是因为它们这种存在于我们生活圈之外的特性，通常情况下我们不会特别在意废品的存在。对于废品，我们可以冲走它们、卖掉它们、扔掉它们，但如果我们愿意拿出一点时间来思考一下，又会怎么样呢？或许我们可以重新考虑我们和浪费之间的关系，并开始采取行动，掌握更多的主动权，不仅可以选择消费什么，还可以决定消费之后应该怎么做。

面对废品，我们可以更具有创造性吗？在聪明人的眼里，废品不是一个问题，而是一个机会。这些材料可以重复使用吗？我们可以把更多的垃圾填埋场变成公园吗？我们已经竭尽所能了吗？也许，当我们仔细审视这些废品的存在地的时候，看到的可能不是一个我们丢弃掉的世界，而是正在创造的世界。

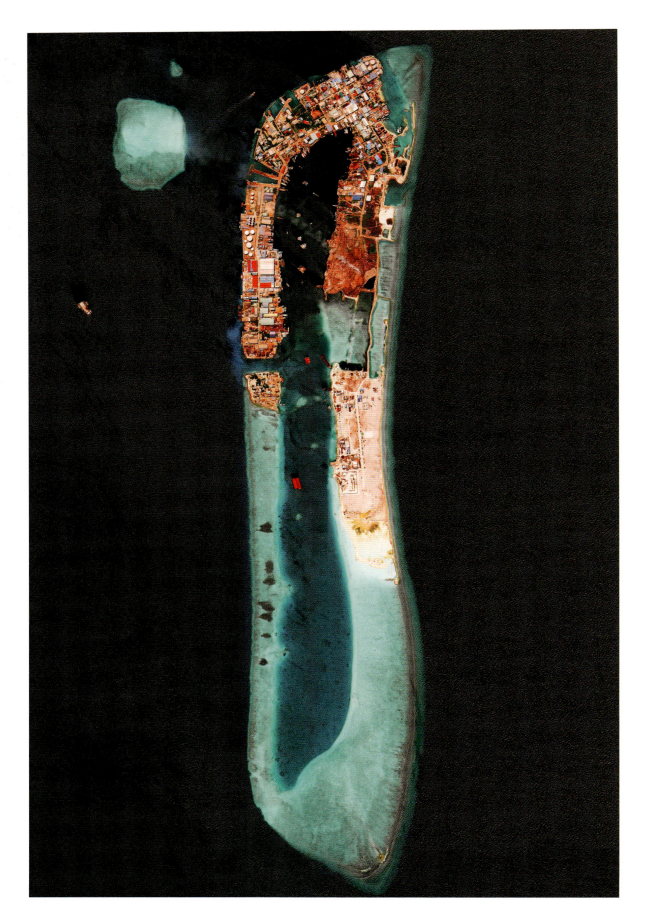

P204—205

艾瑟罗格岛

52.599113°，5.741851°

艾瑟罗格岛，是荷兰弗莱福兰省艾瑟尔河中的一座人工岛，用来存放河中受污染的淤泥。艾瑟尔河中沉积着大量淤泥，这些淤泥颗粒比沙子细，但又比泥浆粗，如果大量堆积，可能在河水中形成泥土或沉积物。艾瑟罗格岛可以容纳约 2 000 万立方米的淤泥。

左图

斯拉夫士岛

4.182612°，73.440497°

斯拉夫士岛位于马尔代夫，是一座由垃圾填充而成的人工岛。据估计，每天运送到这里的垃圾有 330 吨，其中大部分来自马累岛（第 102 页中可见）。随着源源不断的垃圾被填充到岛中，这个岛的面积也以每天 1 平方米的速度增长着。

右图

海上森林

35.596614°，139.806126°

在日本东京湾，有一座人工岛屿，这座岛建在 1 230 万吨城市垃圾上面，这些垃圾主要是 1973 年到 1987 年这段时间中东京的净水厂、下水道、城市公园和街道产生的。近些年来，日本启动了一个雄心勃勃的环保项目——"海上森林"，计划在垃圾填埋区之上种植 50 万棵树木，覆盖 0.88 平方千米的土地，使这片岛屿变成真正意义上的海上森林，组织方希望这个项目能够变成人类努力实现与自然和谐相处的标志。

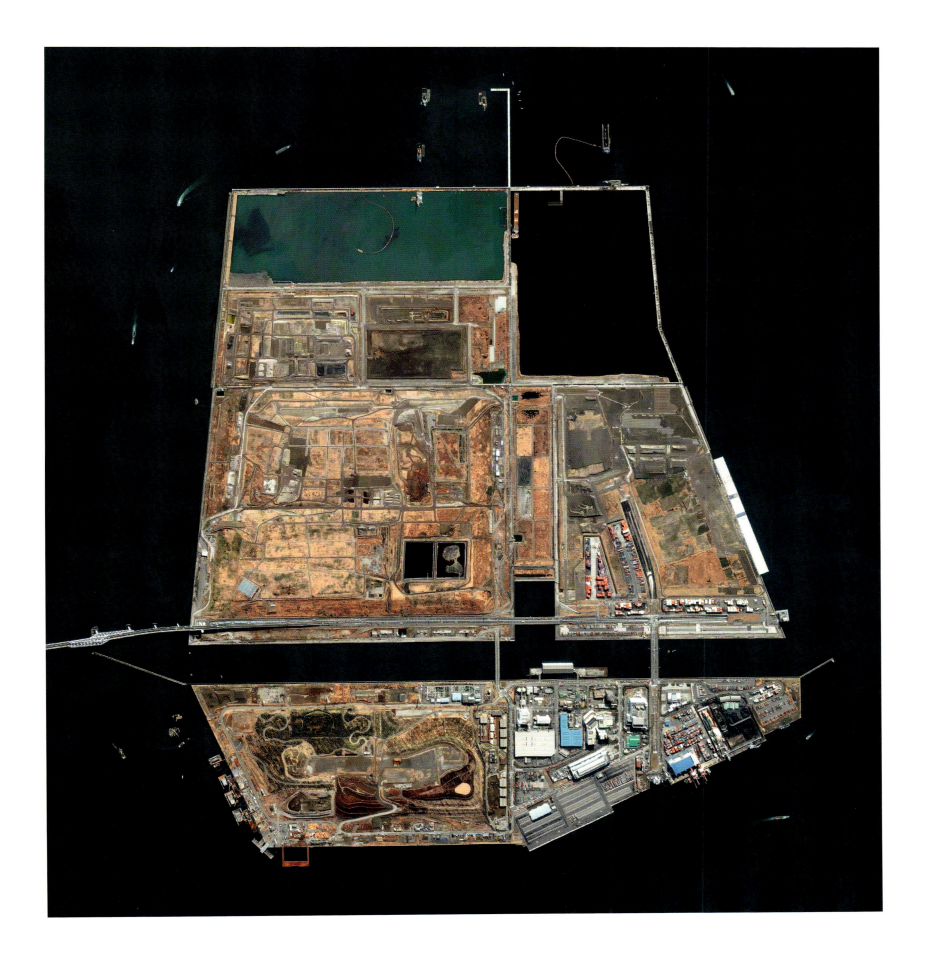

右图

SUDOKWON垃圾填埋场

37.575339°，126.612551°

SUDOKWON垃圾填埋场，承担着处理韩国首尔市2 200万人口产生的生活垃圾的任务。填埋场由两部分组成，其中之一已经被填满，人们在它的顶部顺势建造了一个高尔夫球场。而对于仍在使用的另外那一部分是否还要继续收纳垃圾，当地管理者们也很矛盾纠结。即便还有很多空间来填埋垃圾，但很多人觉得这个设施存在着重大环境风险，其产生的恶臭气味会飘散到周围的居民区。但由于没有现成的可替代的垃圾收集方式，政府原本打算在2016年关闭这个填埋场的计划已经被无限期推迟了。

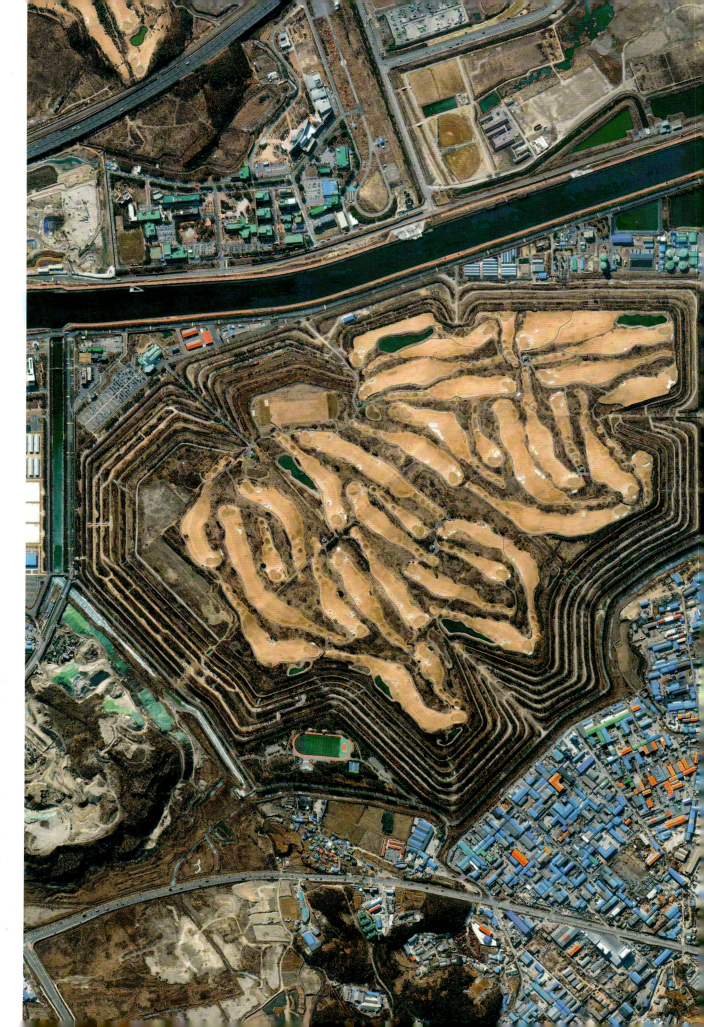

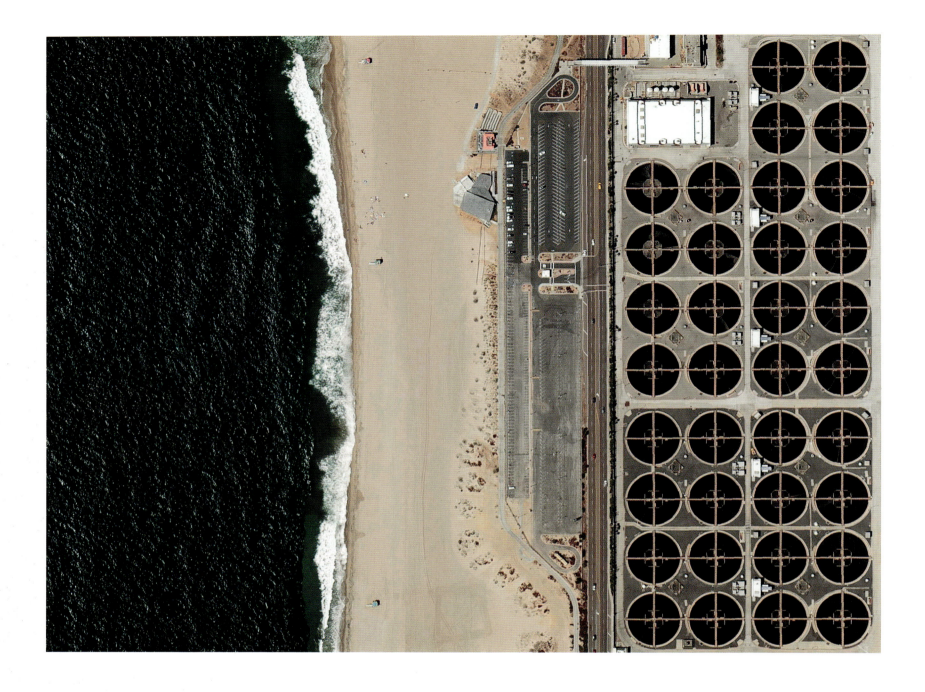

上图

亥伯龙污水处理厂

33.922326°，-118.429921°

在1925年之前，洛杉矶市未经处理过的污水都是直接排入圣莫尼卡湾的。亥伯龙污水处理厂建于1950年，但由于洛杉矶附近的城市规模也在不断增加，每月仍有1.13万吨淤泥通过管道排入海洋。1980年到1987年期间，洛杉矶市政府投入16亿美元对海湾进行了清淤改造，并于1998年完成了污水处理设备的全面技术升级。

右图

弗雷思诺-克洛维斯废水处理厂

36.699766°，-119.903360°

这个废水处理厂位于美国加州弗雷思诺，每天都会有2.68亿升的废水经由2 400千米长的下水道被排放到这里。在净化过程中，废水被泵入到这个巨大水池中，之前在筛洗过程中没有被除去的物质会在这里浮到水面，或者沉入池底。

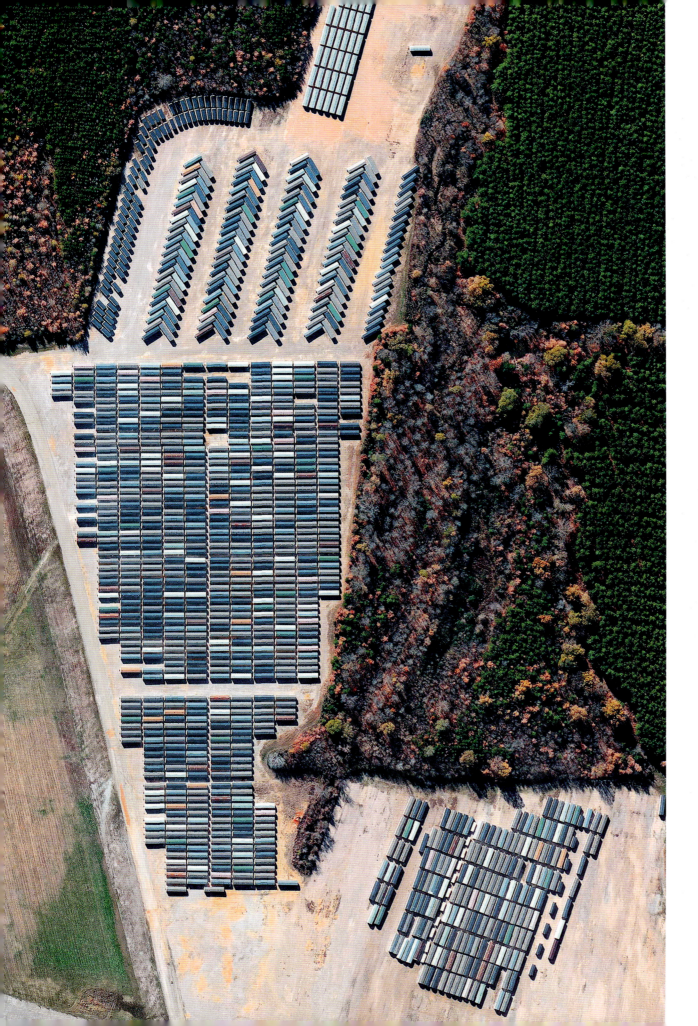

P212
科罗拉多轮胎墓地
40.177084°, −104.684722°

世界上最大的轮胎垃圾场位于美国科罗拉多州哈得孙,这里有许多15米深的大坑,坑中堆满了大约6 000万个报废轮胎。据估计,全球每年被丢弃的报废轮胎有15亿个,其中一半以上作为燃料燃烧。

P213
埃佩昆
−37.132842°, −62.811438°

埃佩昆是位于阿根廷埃佩昆湖边的旅游村,埃佩昆湖是一座盐水湖,湖水有益健康,从20世纪20年代起,众多游客专程乘坐火车从布宜诺斯艾利斯慕名而来,这里的旅游业也开始蓬勃发展起来。然而,1985年11月10日,附近的水坝突然崩塌,湖水上涨10米,淹没了村庄。从此,埃佩昆被宣布为无法居住,并且再也没有重建。

左图
未使用的活动房屋
33.722348°, −93.667627°

这些活动房屋位于美国阿肯色州霍普市机场,本来是用来安置在卡特里娜飓风中的受灾者,但一直处于空置状态。这张总观图片拍摄于2011年,距离那场灾难性的大风暴已经过去了五年多,停放在机场中未使用的活动房屋有10 770间,之所以不能投入使用,主要是因为联邦法规禁止在泛洪区——比如路易斯安那州新奥尔良这样的重灾区中放置活动房屋。

2015年7月21日

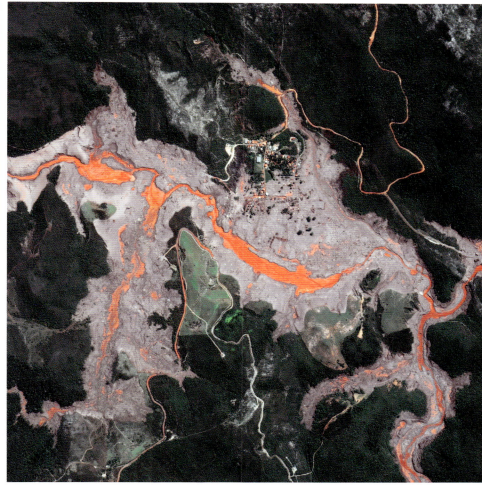

2015年11月12日

不同时期的两张图片

矿业废物灾害 −20.237096°，−43.421697°

2015年11月5日，巴西东南部一座铁矿发生两座水坝倒塌事故，据新闻媒体估计，这次事故造成了约6 200万立方米的有毒废水（类似下一页中介绍的赤泥）泄露，流出的污泥吞噬并摧毁了罗德里德斯村，造成17人死亡。

这次污染使得超过50万人在很长一段时间内无法获得干净的饮用水及灌溉用水，此外，在大坝破损的两周内，受污染的废水已经流经644千米的多西河水域进入了大西洋，造成沿途大量动植物死亡。官员们担心，废水中的有毒物质将会继续威胁Comboios自然保护区，那里是濒危动物棱皮龟的栖息地。

右图

红色泥浆池

30.157888°，-90.906310°

这个红色泥浆池位于美国路易斯安那州达罗，红色泥浆状物质是炼铝时产生的铝土矿废物，全世界每年排放出大约 7 700 万吨赤泥。如果想阅读更多关于炼铝业的内容，请翻到本书第 52 页。

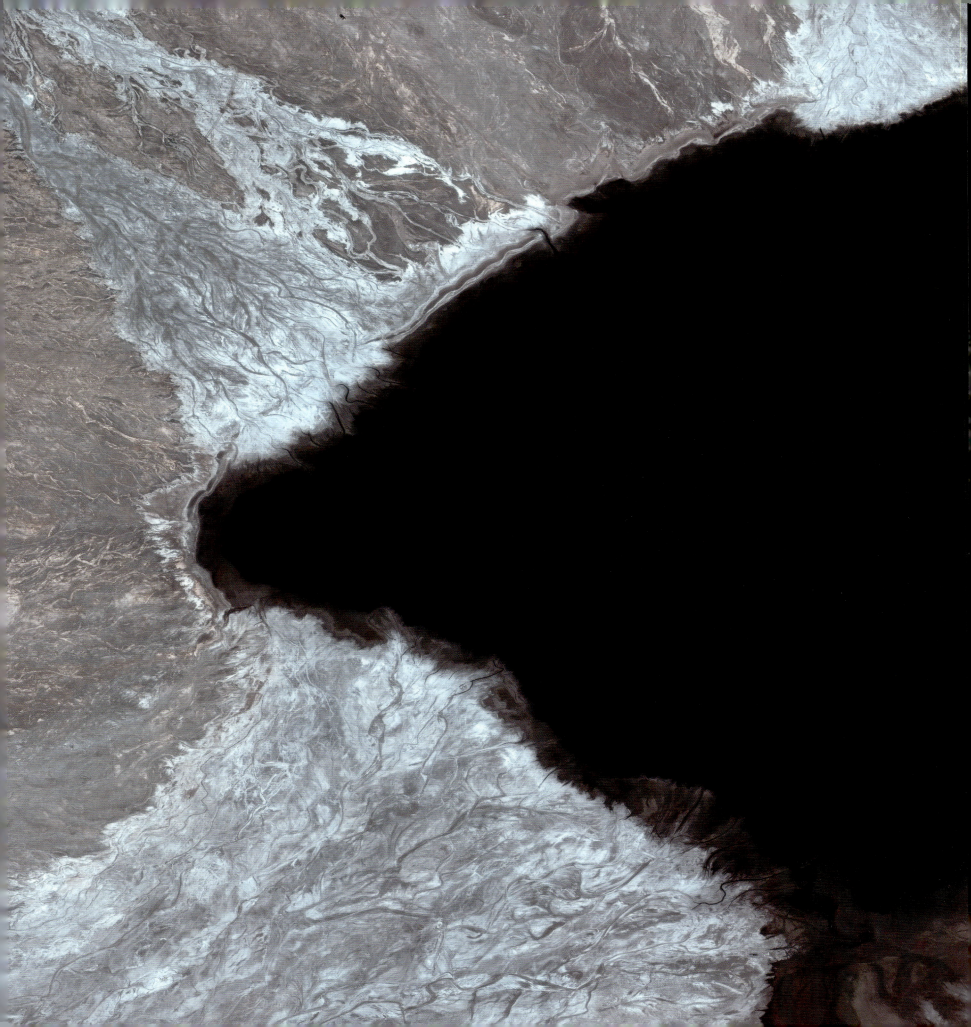

左图

包钢钢铁和稀土矿尾矿池

40.634502°,109.684273°

中国,内蒙古,包钢的多条管道正在将浓稠的化学污泥泵入尾矿池。这种混合污染物是在炼油过程中生产出来的副产品。稀土是各种现代技术,如磁铁、风力涡轮机、电动汽车发动机和智能手机生产的重要原材料。中国的稀土产量占全世界的95%,而包钢拥有全世界70%的稀土储量。

右图

阿萨巴斯卡油砂尾矿池

57.013932°,−111.662197°

加拿大的石油总储量是1 730亿桶,其中有1 680亿桶都在阿萨巴斯卡油砂矿。在生产沥青的过程中,大量尾矿作为其副产品被排放到了尾矿池。2013年的加拿大政府报告指出,该尾矿池面积已经近77平方千米。

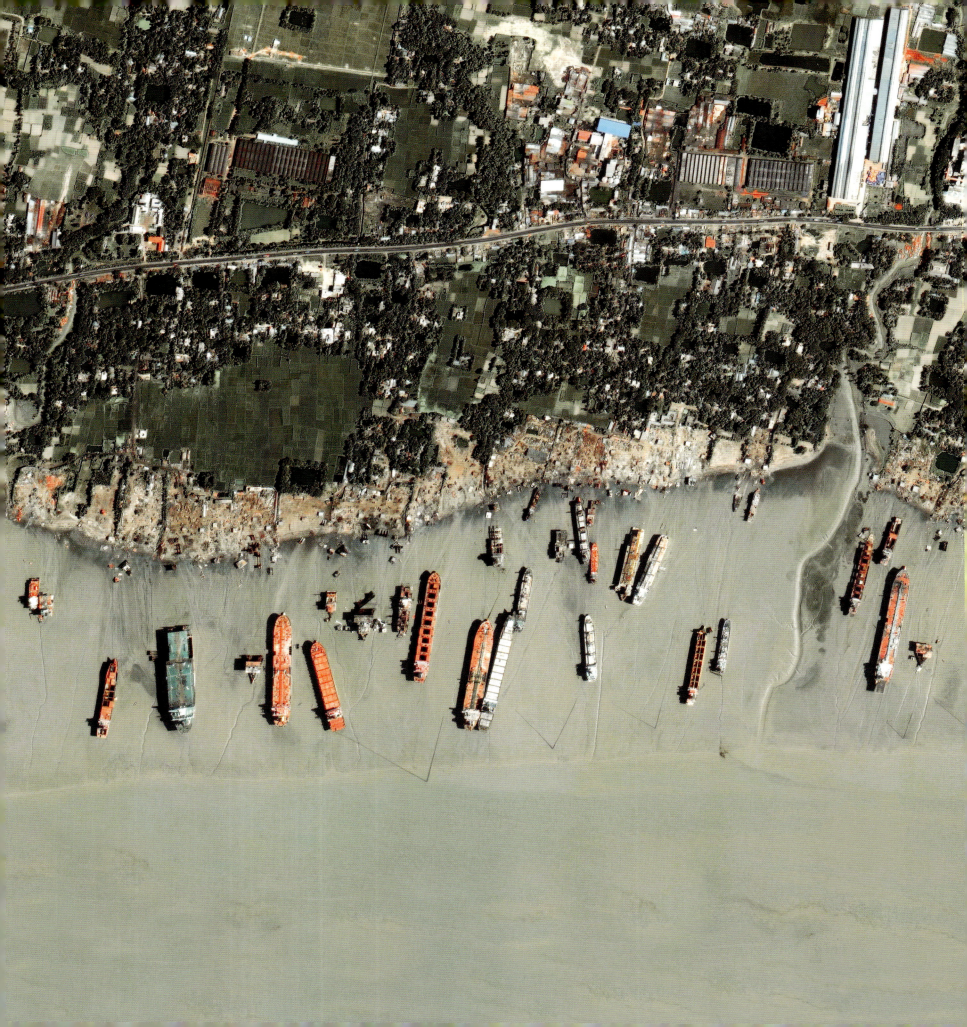

左图

吉大港拆船场

22.452777°,91.726809°

　　吉大港拆船场位于距离孟加拉的吉大港湾18千米处。船只被卖给拆船场后,趁涨潮时运到岸边,当退潮后便被搁浅在这里,船被锚定在海滩上后,工人们会将其分解拆卸。吉大港拆船场拥有超过20万名工人,人权倡导者曾对此提出抗议,认为这些工人每天在巨大的爆炸声中工作,还要面对危险的机器和有毒气体,工作环境堪忧。

左图

南加利福尼亚物流机场墓地
34.611367°，-117.379784°

南加利福尼亚物流公共机场，位于美国加利福尼亚州维克多维尔市，其中包括一个停放着超过150架退役飞机的飞机墓地。在过去的20年中，航空公司对大型喷气式客机的需求大幅下降，取而代之的是更经济的小型双引擎飞机，许多像波音747那样的大型客机不得不退役。维克多维尔市位于莫哈韦沙漠的边缘，那里干燥的气候能够延缓机身金属锈蚀速度，拆除零件之后的飞机在这里可以保存很多年。

自然之地
WHERE WE ARE NOT

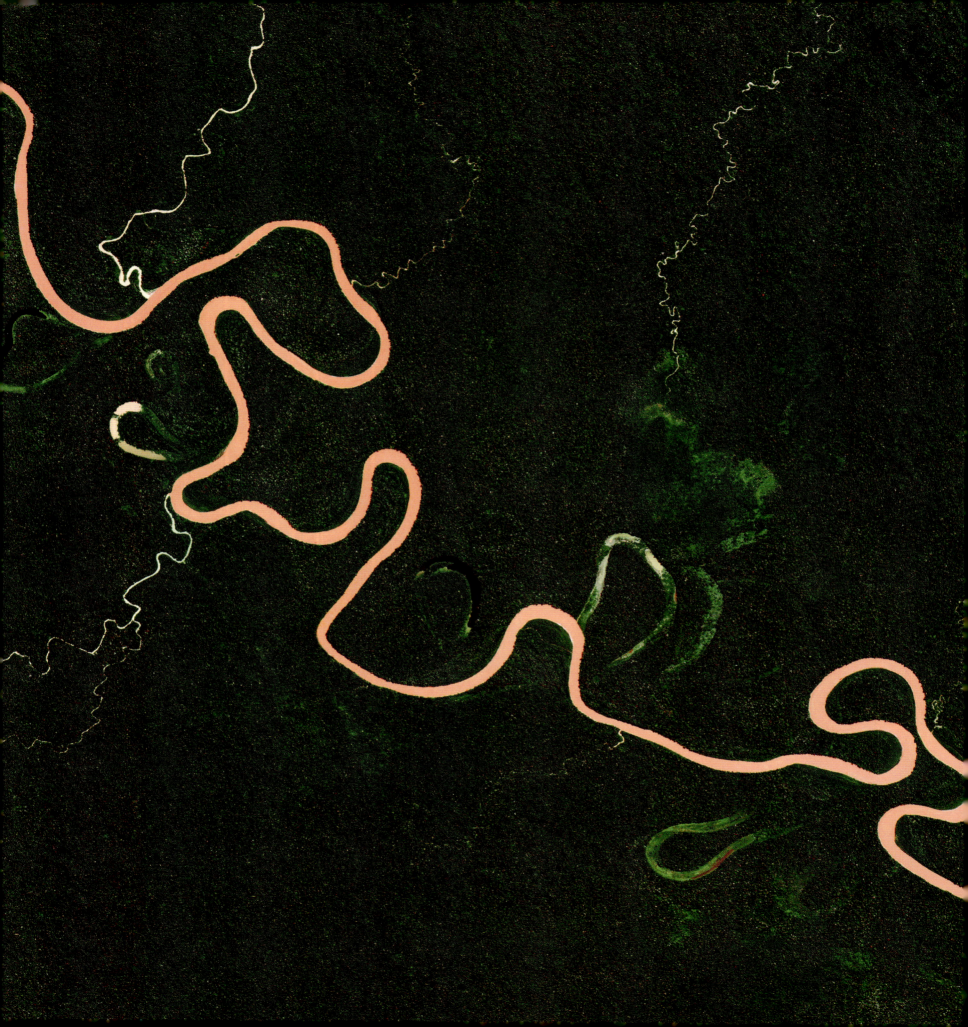

"深入了解自然,你才能更好地理解一切事物。"

——艾伯特·爱因斯坦

自然之地

虽然到目前为止,这本书的重点一直是人工景观,但在这章中,我们想要告诉各位读者,美丽是无处不在的。在许多方面,我们所说的"自然"只不过是人类影响还没有被感受到的地方。本章中的图片展示了很少甚至是没有人类活动踪迹的地方,在这里可以看到的影响是人类努力介入自然所带来的后果,以及体现了周围未被触动的世界的美丽。

当我们看到那些人迹罕至的地方时,会被一种强烈的时间感所打动。前面几章展示的都是在相对较短时间内发展出来的景观,其中大部分地方都是在 20 世纪才建造出来的,与此形成鲜明对比的是,本章图片展示的地理形态则是在很久很久——久到无法计算之前就已经形成的。河流的移位流动、地质构造形成的漩涡,或者是山脉海拔高度的逐渐上升,这些变化的发生,都要经历数百代人的时间。和这些相比,人类人口的无休止增长和对现代化发展的渴望,未免相形见绌。

在浩瀚宇宙的宏大的时间轴背景之下,人类在地球上的生存繁衍显得微不足道。尽管我们给地球带来了重要影响,特别是近些年来的表现尤其深远,但也只是一个微小的部分而已。这本书主要讲的是人类的影响,但这章内容希望能提醒各位读者,我们的星球,在人类到来之前,就已经存在了很久很久了,就让我们来看看在没有人类的时候,它是什么样子的。在我们还可以做些什么的时候,尽量去做些什么,一起欣赏和保护它吧。

P224—225
卡维尔盐漠
34.646619°,54.019581°

卡维尔盐漠位于伊朗高原中部,古代海洋蒸发干涸之后,留下了一层厚度达到六七千米的盐分,形成了这个沙漠。地质学家还认为,景观上面那些横跨沙漠的漩涡是由于盐层形成后板块构造活动造成的。

左图
里约马德雷德迪奥斯河
-11.888269°,-71.408443°

里约马德雷德迪奥斯河蜿蜒流淌在秘鲁热带雨林中。牛轭湖——主河道延伸出来的 U 型分支,当主河道的河水被截断后,形成了一片形状不规则的水域。

上图

大棱镜温泉　44.524974°，-110.839339°

美国，怀俄明州，黄石国家公园，大棱镜温泉。游客们可以在栈道上面近距离观赏温泉景色。由于温泉水富含矿物质，池边生长着含有色素的细菌，使得温泉呈现出鲜艳的色彩。

右图

乌卢鲁巨石　-25.345946°，131.039142°

乌卢鲁巨石，也被称为艾尔斯巨石，是澳大利亚中北部的一个巨大的砂岩地层。巨石高348米，长约3.5千米，宽1.9千米，是该地区土著居民的圣地。1936年，第一个澳大利亚游客来到了乌卢鲁巨石，之后每年慕名而来的游客越来越多，到2000年，这个数字已经超过了40万。不断增长的游客数量提高了当地的财政收入，但同时也给政府提出来了一个持续性的挑战——如何平衡环境保护、文化价值观和游客需求之间的关系。

2014年7月　　　　　　　　　　　　　　　　　　　　　2016年1月

不同时期的两张图片

西之岛町的火山活动　27.243362，140.874420

西之岛町是一个火山岛，位于日本东京以南940千米。2013年11月，火山开始喷发，并且一直持续到2015年8月。喷发过后，该岛面积从0.06平方千米扩大到了2.3平方千米。第一张图片拍摄于火山爆发中的2014年7月，第二张图片拍摄于火山爆发结束后2016年1月时的同一地点的状态。

右图

佩里托·莫雷诺冰川　–50.536843°，–73.195237°

佩里托·莫雷诺冰川位于阿根廷圣克鲁斯省，成冰面积约250平方千米，延绵30千米长。这张总观图片中显示的面积大约为6平方千米，整个冰川拥有世界第三大的淡水储量。

左图

富士山　35.359911°，138.714718°

　　富士山是一座活火山，也是日本最高的山峰，高 3 776 米。鸟瞰富士山时，它呈现出一个极其规整的圆锥体，这里一年中有几个月的时间都被皑皑白雪覆盖，在温暖的月份中，游客们可以沿着登山路线上山。

上图

塔拉纳基山　−39.296766°，174.045846°

　　塔拉纳基山，又名格蒙特山，是位于新西兰北岛西海岸的一座活火山，环绕在火山周围的是受保护的国家森林，再外面一圈是集约化奶牛养殖场，植被的变化被勾勒得十分清晰。

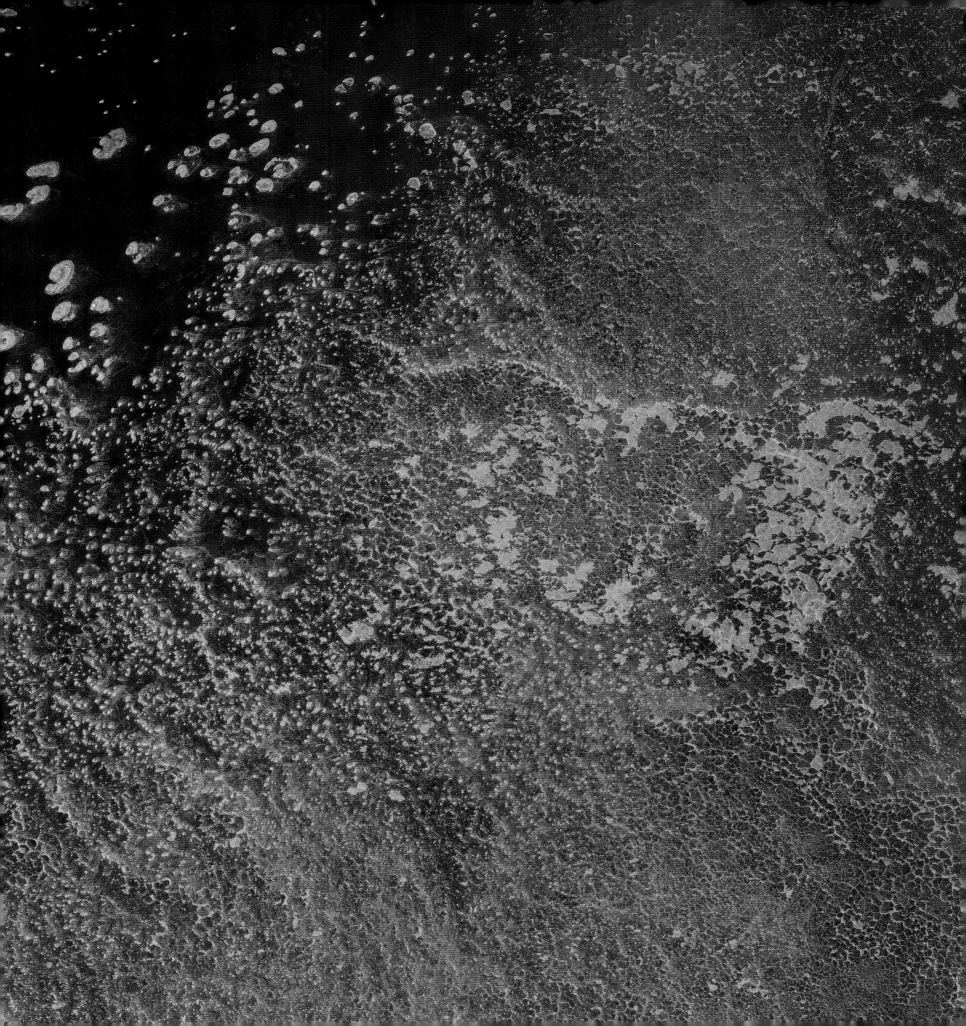

P234

鲁卜哈利沙漠
22.182760°, 55.134184°

鲁卜哈利沙漠是世界上最大的沙漠,面积达65万平方千米,包括沙特阿拉伯、阿曼、也门和阿拉伯联合酋长国的部分地区。在沙漠中心有许多凸起的坚硬地层,是几千年前浅水湖泊的遗址。这张总观图所显示的沙漠面积约为350平方千米,位于沙特阿拉伯和阿曼的边界处。

P235

纳特龙湖
−2.413923°, 36.037784°

纳特龙湖位于坦桑尼亚北部,湖水深度不足3米,宽度随着水位变化而变化。旱季时候,湖水蒸发速度加快,含盐度增加,湖水中一种耐盐藻类开始大量繁殖,并产生光合色素,湖水颜色变成深红色。

左图

索苏斯盐沼
−24.695316°, 15.419383°

索苏斯盐沼,位于纳米比亚纳米布沙漠边缘。图中北部的那些红色沙丘,很多高度都超过了200米,是世界上最高的沙丘。图片中显示的面积大约300平方千米。

右图

阿德莱德裂谷
−29.791018°, 137.823068°

图中错综复杂的地质构造位于南澳大利亚内陆,那些漩涡状的图形是由5.4亿年前巨大盆地中沉积物形成的,陆地发生褶皱和断裂成为山脉,在受到大面积侵蚀之后,海拔高度下降,变成了我们今天见到的样貌。这张图片中显示的面积大约有260平方千米。

右图

理查特结构

21.123998°，−11.406376°

理查特结构是位于毛里塔尼亚撒哈拉沙漠中凸起的圆形陆地，直径近50千米，从太空上清晰可见。起初该地形被认为是由于陨石碰撞而形成的，但现在地质学家认为这是一种被称为"对称隆起"的现象造成的，即地表大规模持续性地向上升高造成的。

火山口湖 42.949999°,−122.170109°

　　火山口湖,位于美国俄勒冈州克拉马斯堡,这片蓝得令人心悸的湖水坐落在火山口的位置,形成于 7 700 多年前的火山崩塌。由于这里没有其他河流注入和流出,湖水蒸发后只能依靠雨雪补充。湖水深 592 米,是美国最深的湖。

米德湖 36.061653°，-114.319758°

　　米德湖位于美国内华达州，在拉斯维加斯东南 39 千米处，20 世纪 30 年代由科罗拉多河上的胡佛大坝拦蓄而成，是美国最大的水库。由于近些年来周边各州干旱以及用水需求的增加，湖水水位急剧下降，2015 年创历史最低点 328 米。

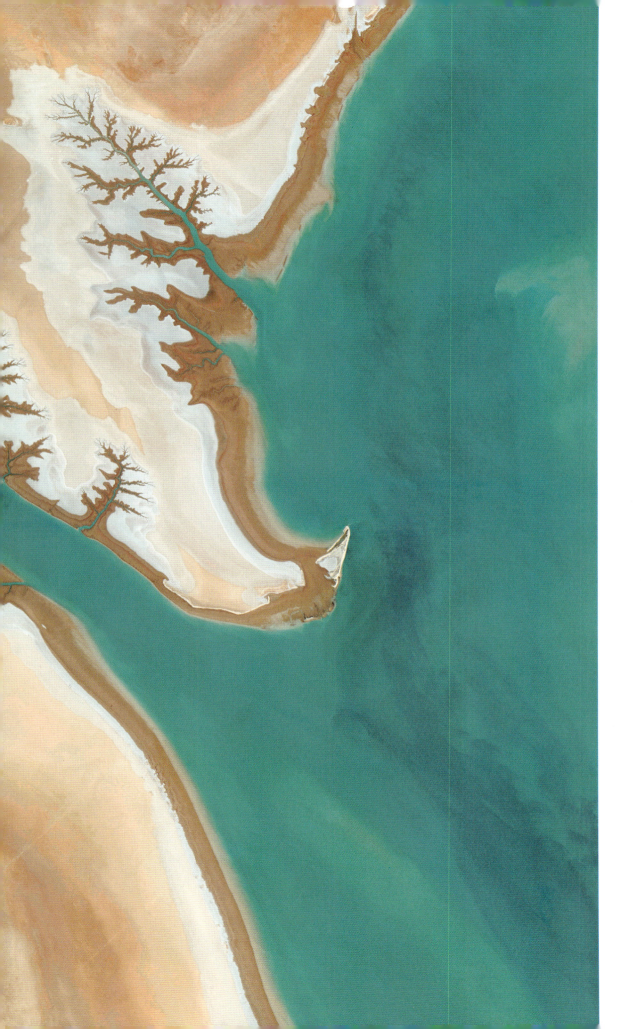

左图

沙代甘潟湖
30.327274°，48.829255°

沙代甘潟湖位于伊朗穆萨湾，四周环绕着树枝状的排水系统，当水流穿过相对平坦的地面时，地表便会被侵蚀出一条条的"支流"。

上图

维多利亚瀑布 -17.924709°，25.856055°

维多利亚瀑布位于赞比亚和津巴布韦交界处的赞比西河，虽然它的宽度和高度都不是世界之最，但其以宽1708米、高108米而被誉为世界上最大的瀑布。它拥有世界最大的下降水量，每秒约1 088立方米。

右图

孙德尔本斯国家公园 22.155602°，89.680560°

孙德尔本斯国家公园占地面积1万平方千米，包括孟加拉南部和印度东部的一小部分，公园被茂密的红树林所覆盖，其中还有一个最大的孟加拉虎自然保护区。在过去的两个世纪中，这里约有6 700平方千米的土地被开发。

P246

加勒斯恩杰克岛 43.978331，15.382505°

图中心位置是加勒斯恩杰克岛，俗称"情人岛"，位于克罗地亚海岸，自然呈现出心形形状。